ISNM

INTERNATIONAL SERIES OF NUMERICAL MATHEMATICS
INTERNATIONALE SCHRIFTENREIHE ZUR NUMERISCHEN MATHEMATIK
SÉRIE INTERNATIONALE D'ANALYSE NUMÉRIQUE

VOL. 49

Numerical Mathematics

Symposium on the Occasion of the Retirement of
Lothar Collatz
at the Institute for Applied Mathematics, University of Hamburg,
January 25–26, 1979
Edited by R. Ansorge, K. Glashoff, B. Werner

Numerische Mathematik

Symposium anläßlich der Emeritierung von
Lothar Collatz
am Institut für Angewandte Mathematik, Universität Hamburg,
vom 25.–26. Januar 1979
Herausgegeben von R. Ansorge, K. Glashoff, B. Werner

1979
BIRKHÄUSER VERLAG
BASEL, BOSTON, STUTTGART

CIP-Kurztitelaufnahme der Deutschen Bibliothek

Numerical mathematics = Numerische Mathematik / Symposium on the Occasion of the Retirement of Lothar Collatz at the Inst. for Applied Mathematics, Univ. of Hamburg, January 25–26, 1979. Ed. by R. Ansorge ... – Basel, Boston, Stuttgart, Birkhäuser, 1979.
(International series of numerical mathematics; Vol. 49)
ISBN 3-7643-1099-5
NE: Ansorge, Rainer [Hrsg.]; Symposium on the Occasion of the Retirement of Lothar Collatz ⟨1979, Hamburg⟩; Institut für Angewandte Mathematik ⟨Hamburg⟩; Collatz, Lothar: Festschrift; PT.

ISBN 3-7643-1099-5
Printed in Germany

Vorwort

Mit Ablauf des Sommersemesters 1978 wurde Herr Prof. Dr., Dr. h. c., Dr. E. h., Dr. h. c., Dr. h. c. Lothar Collatz wegen Erreichens der Altersgrenze von seinen Pflichten als Hochschullehrer entbunden. Naturgemäß stellt eine solche Emeritierung im Leben eines jeden Wissenschaftlers einen tiefen Einschnitt dar. Zu unser aller Freude wird jedoch im Falle unseres verehrten Kollegen die Entpflichtung durch die ungebrochene wissenschaftliche Produktivität gemildert. Da andererseits Emeritierungs-Kolloquien häufig unversehens auch zu ein wenig wehmütigen Abschiedsfeiern geraten, glaubte das Institut für Angewandte Mathematik der Universität Hamburg, der fortbestehenden Aktivität von Herrn Collatz und seiner weitgehend fortbestehenden Integration in das Institutsleben am besten dadurch gerecht zu werden, daß wir die großen Verdienste des Gründers unseres Instituts um unsere Wissenschaft in Forschung, Lehre und Verbreitung durch eine lebendige »Tagung über Numerische Mathematik anläßlich der Emeritierung von Lothar Collatz« würdigen.

Wir freuen uns außerordentlich, daß namhafte Forscher, die das wissenschaftliche Werk von Herrn Collatz über lange Jahre aktiv beobachten und begleiten konnten, sich sogleich bereit fanden, zeitlich großräumige Entwicklungen in Übersichtsvorträgen darzustellen. Ebenso danken wir den zahlreichen Schülern von Herrn Collatz, die ihrerseits heute als Hochschullehrer an vielen Universitäten und Hochschulen wirken, für die Bereicherung durch Beiträge zu aktuellen Problemen. Alle Vorträge sind in diesem, Herrn Collatz gewidmeten Tagungsband dokumentiert.

An dieser Stelle möchten wir auch all denjenigen danken, die durch finanzielle Beiträge und durch die Übernahme organisatorischer Aufgaben zum würdigen Gelingen der Tagung beitrugen.

Dem Birkhäuser-Verlag und den Herausgebern der Reihe ISNM danken wir für ihr Entgegenkommen hinsichtlich der Produktion dieses Bandes.

Hamburg, im April 1979 Die Herausgeber

Inhaltsverzeichnis

DER EINFLUSS VON LOTHAR COLLATZ AUF DIE ANGEWANDTE MATHEMATIK

Ulrich Eckhardt

Es wäre vermessen von mir, wollte ich hier eine Würdigung der wissenschaftlichen Arbeit von Lothar Collatz versuchen, befinden sich doch unter meinen Zuhörern viele, die an dieser wissenschaftlichen Arbeit intensiv mit beteiligt waren, und die über dieses Thema berufener vortragen könnten, als ich. In den anschließenden Vorträgen werden wir zudem Gelegenheit haben, das Werk von Lothar Collatz, gespiegelt in den Arbeiten seiner Schüler, zu würdigen. Ich möchte daher mein Thema einschränken auf den Einfluß, den Lothar Collatz auf die Anwendungen der Mathematik gehabt hat und noch hat. Ich darf mich selbst als Anwender bezeichnen, und möchte versuchen, Ihnen die Person und das Werk von Lothar Collatz aus der Sicht eines solchen darzustellen.

Lassen Sie uns zunächst einen Blick auf die Entwicklung der Mathematik in den letzten Jahrzehnten werfen. In einem gewaltigen Erneuerungsprozeß wandte sich die Mathematik von den Anwendungen ab, und man versuchte, sich auf die der Mathematik innewohnenden eigenen Kräfte und Gesetze zu besinnen. Ich halte diesen Prozeß für historisch notwendig und wichtig, denn er diente dazu, verstreutes Wissen durch Abstraktion zusammenzufassen und überschaubar zu machen, und er erleichterte die Emanzipation der Mathematik von einer ganz speziellen Anwendung, der Physik. Heute wissen wir, daß dieser Prozeß zur rechten Zeit kam, denn wir wurden Zeugen der Öffnung der Mathematik für neue und neuartige Anwendungen. Die negativen Auswirkungen dieser Entwicklung habe ich selbst oft genug zu spüren bekommen. Es gibt heute zahlreiche Physiker, Ingenieure und andere Anwender, die um keinen Preis bereit sind, mit einem Mathematiker zu kommunizieren, weil sie ihre ersten Kontakte mit Mathematikern - häufig aus der Anfängervorlesung - noch in schlechter Erinnerung haben. Für diese Anwender ist professionell betriebene Mathematik sinnentleerter Selbstzweck und die Mathematiker sind Priester einer Religion, die jeden Bezug zur Realität verloren hat. Dieses Negativbild des "häßlichen Mathematikers" hat der Mathematik und den Mathematikern viel geschadet. Es muß zu denken geben, daß der weitaus überwiegende Teil der praktisch relevanten numerischen und angewandten Mathematik heute von Amateuren betrieben wird, häufig mit völlig unzureichenden Kenntnissen, und nicht selten mit sehr zweifelhaften Resultaten.

Diese Erscheinung der Anwendungsflucht der Mathematik wird am besten beschrieben von einem sehr aktuellen Schriftsteller, Jonathan Swift:

> ... Die Häuser sind schlecht gebaut, die Mauern schräg, und in den Zimmern bemerkt man kaum einen rechten Winkel. Dieser Mangel ergibt sich aus der Verachtung, welché die Laputier gegen die angewandte Geometrie hegen, die sie als gemein und handwerksmäßig betrachten. Ihr Volksunterricht ist nämlich zu sehr verfeinert für den Verstand gewöhnlicher Arbeitsleute.

Wenn man mit einem Physiker oder Ingenieur, aber auch mit einem Wirtschaftswissenschaftler oder Biologen spricht, dann stellt man fest, daß er - auch wenn er der Mathematik gegenüber die bekannte und bedauerliche feindliche Einstellung hat - den Namen Collatz nicht nur kennt, sondern auch schätzt und respektiert. Das ist eine bemerkenswerte Erscheinung, an der man die Bedeutung von Lothar Collatz für die Anwendungen ermessen kann. Wir sollten uns stets vor Augen halten, welcher Kredit uns von Lothar Collatz eingebracht worden ist. Von diesem Kredit leben wir alle, und es ist an uns, das uns anvertraute Kapital klug zu verwalten und zu vermehren.

Versucht man, das wissenschaftliche Werk von Lothar Collatz zu überblicken, dann ist man zunächst beeindruckt durch die ungeheure Vielfalt und Vielseitigkeit seines Schaffens. Das ist umso bemerkenswerter, als sich unter den Mathematikern - und nicht nur unter diesen - die Meinung durchgesetzt hat, daß Wissenschaft nur noch betrieben werden könne in der Form extremer Spezialisierung. Dieser Zustand wird allgemein bedauert, aber als unvermeidlich hingenommen. Naiv stellt man sich unter einem bedeutenden Mathematiker einen Menschen vor, der Sätze beweist, die an der Grenze menschlicher Erkenntnisfähigkeit liegen, aber auch an der Grenze der Kommunizierbarkeit, jedenfalls aber jenseits der Grenze der Brauchbarkeit. Diese Charakterisierung trifft auf Lothar Collatz sicher nicht zu. Man fragt sich, weshalb wir alle trotzdem davon überzeugt sind, daß wir hier einen Mathematiker von überragendem Format ehren, der sicher zu den wichtigsten Mathematikern unseres Jahrhunderts gehört. Die Antwort darauf ist sehr vielschichtig. Ein Aspekt ist es, daß er immer wieder scheinbar miteinander unverträgliche Gebiete zusammenführte zu wechelseitigem Nutzen. Gerade diese Universalität und Unvoreingenommenheit des Denkens, die Fähigkeit, gemeinsame Strukturen in Auseinanderliegendem zu erkennen, scheint mir in höchstem Maße Mathematik zu sein. Lothar Collatz hat gezeigt, daß angewandte Mathematik kein "Spezialgebiet" ist. Er hat diesen Standpunkt in zahlreichen Artikeln vertreten, durch seine Arbeiten hat er ihn glaubwürdig gemacht.

Die wichtigte Wirkung auf die Anwendungen und die Anwender haben wohl die Bücher von Lothar Collatz gehabt, insbesondere die vorwiegend für Anwender geschriebenen "Eigenwertaufgaben", die "Differentialgleichungen für Ingenieure" und die "Numerische Behandlung von Differentialgleichungen", aber auch die gemeinsam mit Herrn Wetterling verfaßten "Optimierungsaufgaben". Es ist ein besonderes Merkmal von Büchern über numerische und angewandte Mathematik, daß sie, bedingt durch das rasche exponentielle Anwachsen der Wissenschaften - sowohl der Anwendungen als auch der Datenverarbeitungstechnik - sehr rasch veralten. Diesem Schicksal scheinen besonders die drei erstgenannten Bücher entgangen zu sein, was die hohe Zahl ihrer Auflagen belegt. Was ist es, das diese Bücher jung und aktuell erhalten hat? Die 1963 zum dritten Male aufgelegten "Eigenwertaufgaben" werden in diesem Jahre immerhin 34 Jahre alt!

Bücher über ein abstraktes "rein" mathematisches Gebiet folgen einer gewissen Eigengesetzlichkeit. Der Entstehungsprozeß eines solchen Buches wird sehr anschaulich von P. R. Halmos beschrieben. Jeder Satz hat in einem solchen Buch seinen wohlbestimmten Platz, die formale Eleganz der Darstellung hat erhebliche Bedeutung: Voraussetzungen müssen "minimal" sein, auf naheliegende Verallgemeinerungen muß eingegangen werden etc. Ein solches Buch hat die ästhetische Schönheit eines geschliffenen Edelsteins, aber auch dessen Leblosigkeit. Anders bei den Büchern von Lothar Collatz! Jede Definition, jeder Satz und jede Verallgemeinerung werden gemessen an ihrer Brauchbarkeit und diese dann durch Beispiele belegt und abgesichert. Die Beispiele stammen fast durchweg aus praktischen Anwendungen, man bemerkt die Hand des erfahrenen Fachmannes. Schließlich hat Lothar Collatz zwei Jahre als Assistent an einem Institut für technische Mechanik gearbeitet, aus einem sehr aktuell anmutenden Grund: Es war damals schwer, als promovierter Mathematiker eine Stelle an einem mathematischen Institut zu bekommen.

In den "Eigenwertaufgaben" findet man ein Beispiel eines mechanischen Systems, für das die zugehörige Matrix nicht normal ist. Dieses Beispiel habe ich häufig in Vorlesungen für Anwender benutzt, und es hat diese stets beeindruckt wegen seiner Einfachheit und Überzeugungskraft. In dem Buch steht es an der richtigen Stelle als praktische Motivation für die Definition des Begriffes "normal", der ja an sich recht abstrakt und unanschaulich ist. Dies Beispiel ist eine gute Illustration für die methodische und didaktische Bedeutung der praktischen Anwendung in den Büchern von Lothar Collatz. Die Notwendigkeit einer Spektralverschiebung zur Konvergenzverbesserung bei der v. Mises-Iteration wird nicht an einem konstruierten Beispiel demonstriert. Eine solche Vorgehensweise wird von zahlreichen Autoren bedenkenlos verwendet. Für den Leser aber entsteht dann der Eindruck, der Autor habe eine Falle aufgestellt und erwarte, daß der ahnungslose Leser hineintappt, damit er ihn dann wieder herausführen kann und so seine Allwissenheit demonstriert. Das von Lothar Collatz benutzte Beispiel dagegen stammt aus den Anwendungen, aus der Akustik. Nichts ist gestellt, sogar die Ausgangsnäherungen für die Iteration werden "aus der physikalischen Anschauung entnommen". Der Leser - insbesondere der aus den Anwendungen kommende - hat das Gefühl, daß der Autor kein Zauberkünstler ist, der ein gutgläubiges Publikum durch elegante Tricks täuscht. Hier ist alles solide, hinter den Beispielen stehen realistische Anwendungen, die auftretenden Schwierigkeiten sind echt und nicht konstruiert.

Überhaupt spielen die numerischen Beispiele in den Büchern von Lothar Collatz eine besondere Rolle. Keines der Beispiele ist Standardbeispiel, jedes hat Individualität und bringt Überraschungen, immer wieder werden die einzelen Beispiele und Methoden miteinander in Beziehung gebracht. Typisch für das Collatz'sche Beispiel ist der raffinierte Ansatz, der listige Umgang mit der numerischen Mathematik, die überraschende Wahl der Ansatzfunktion, die intelligente Startlösung, die geschickte Einschließung. Ein solches Beispiel ist nicht übertragbar, diese Vorgehensweise funktioniert nur dann, wenn man nicht nur numerische und angewandte (aber natürlich auch "reine") Mathematik souverän beherrscht, sondern auch noch über die spezielle Anwendung ausgezeichnet Bescheid weiß. Der angewandte Mathematiker tritt hier als universell gebildeter Wissenschaftler auf. Das ist ein sehr hoher Anspruch, der aber gestellt werden muß, wenn man überzeugend und sinnvoll angewandte Mathematik treiben möchte. Lothar Collatz zeigt durch sein Beispiel, daß dieser Anspruch erfüllbar ist.

In den letzten Jahren hatte es den Anschein, als wäre diese Art und Weise der mathematischen Behandlung von praktischen Problemen nicht mehr aktuell. Durch die Ausrichtung der angewandten Mathematik auf die Großrechenanlagen, insbesondere dadurch, daß diese Rechner vorwiegend im Input-Output-Betrieb benutzt wurden, trat eine Entkoppelung der Arbeitsgänge "Problemformulierung" und "numerische Rechnung" ein. Sobald die Problemdaten im Rechner vorliegen, ist die Vorgeschichte des Problems für die weitere Behandlung irrelevant geworden. Die Rechenanlage löst beispielsweise eine elliptische Differentialgleichung mit einem Universalprogramm, ohne dabei zu "wissen", ob diese Differentialgleichung ein Problem aus der Elastizitätstheorie, eine stationäre Wärmeverteilung oder ein Magnetfeld beschreibt. In zahlreichen Gesprächen mit Anwendern und mit Mathematikern wurde mir gegenüber die Ansicht geäußert, daß diese Art der Behandlung von praktischen Problemen eben moderne angewandte Mathematik sei. Man hat eine Großrechenanlage und eine Vielzahl von automatischen Programmpaketen, und die Aufgabe des Anwenders besteht darin, sein Problem so weit zu klassifizieren, daß er erkennen kann, welches der Programmpakete für ihn zuständig ist. Kenntnisse über das entsprechende Gebiet der numerischen Mathematik werden dabei vom Anwender nicht verlangt, ebensowenig wie man heutzutage Kenntnisse über Verbrennungsmotoren benötigt, um ein Auto zu benutzen. Tatsächlich wurden auf diese Weise ja auch beachtliche Erfolge erzielt, man denke etwa an die verschiedenen Programmsysteme zur finiten-Element-Rechnung sowie an die vom Argonne National Laboratory herausgegebenen Softwarepakete, deren hervorragendster Vertreter das EISPACK-System ist. Dieses System ist tatsächlich in der Lage, alle praktisch vorkommenden Eigenwertaufgaben automatisch zu lösen, und es stellt sich für die Anwender ernsthaft die Frage, ob es nicht zweckmäßiger ist, die Bedienungsanleitung von EISPACK zu studieren, als ein Buch über Eigenwerte zu lesen. Diese Gegenüberstellung von EISPACK und etwa "Eigenwertaufgaben mit technischen Anwendungen" ist sicher nicht fair. Das Programmpaket sagt nichts darüber aus, was ein Eigenwert ist, und das Buch ist kein Lehrbuch über die numerische Berechnung von Eigenwerten. In zahlreichen Diskussionen, die ich mit Anwendern führte, war jedoch nicht zu verkennen, daß deren Zukunftsvorstellungen von angewandter Mathematik sich an großen automatischen Programmsystemen orientierten und daß ihre Vorstellung von Lehrbüchern über angewandte Mathematik häufig darin bestand, praxisnähere Gebrauchsanweisungen für Programmpakete zu erstellen. Insbesondere tendierten Ingenieure naturgemäß zur Standardisierung auch der mathematischen Werkzeuge.

Ich darf sagen, daß mir ein solches Zukunftsbild Unbehagen bereitet. In der Welt der Großcomputer und der automatischen Programmpakete ist eigentlich kein Platz mehr für Mathematiker. Sie wissen, daß bei der Herstellung eines erheblichen Teils der praktisch benutzten kommerziellen Programmsysteme z.B. zur finite-Element-Rechnung kaum Mathematiker beteiligt waren. Bei der Benutzung solcher Programme wird ein Mathematiker ebenfalls nicht benötigt, und bei der Formulierung der Probleme und bei der Deutung der Ergebnisse würde ein Mathematiker nur stören.

Glücklicherweise hat sich hier in der letzten Zeit ein Änderung eingestellt. Die ausschließliche Fixierung der angewandten Mathematik auf den Großrechner im Input-Output-Betrieb hat sich als ein Irrweg erwiesen. Durch die Dezentralisierung der Rechenkapazität und Verlagerung von Intelligenz an die Peripherie entstand die Möglichkeit, mit dem Rechner zu kommunizieren und interaktiv in den Lösungprozeß lenkend einzugreifen. Durch Verwendung von graphischen Bildschirmterminals entdeckt man jetzt wieder, welch hervorragendes Hilfsmittel zur Problemlösung die Anschauung ist. Man kann sich jetzt wieder Lösungskurven ansehen, unterschiedliche Ansatzfunktionen einsetzen, Defekte prüfen und unter Bildschirmkontrolle numerisch spielen. Obwohl durch diese Möglichkeiten der Großrechner und das Programmpaket natürlich nicht aus der Welt des Anwenders verschwinden, hat sich das Bild dieser Welt wieder einmal radikal gewandelt, und ich darf sagen, daß mir die Figur des intelligenten Mathematikers, der mit Geschick und Gespür Probleme löst, sehr sympathisch ist. Dieser intelligente Mathematiker ist es, der in den Büchern von Lothar Collatz auftritt, und es ist an der Zeit, ihn wieder zu entdecken.

Ein ganz einfaches Beispiel möge zur Illustration dienen: In dem Buch "Numerische Behandlung von Differentialgleichungen" wird im Kapitel VI eine nichtlineare Integralgleichung mit Hilfe des Fixpunktsatzes für kontrahierende Abbildungen gelöst. Man benötigt dazu eine Startlösung und man muß die sogenannte "Kugelbedingung" erfüllen. Zu diesem Zwecke verschafft sich der Autor zunächst durch eine sehr grobe Diskretisierung eine rohe Vorstellung von der Lösung. Das Ergebnis dieser "Nebenrechnung" liefert eine Startfunktion für die Fixpunktiteration. Zur Verifikation der Kugelbedingung benötigt man eine positive untere Schranke für die Lösung. Aus der Näherungsrechnung ergibt sich eine Zahl, die man zunächst einmal "probehalber" als untere Schranke verwenden kann. Es zeigt sich, daß man mit dieser Zahl die Kugelbedingung erfüllen kann, und nach einer Iteration erhält man eine Fehlerschranke von weniger als 1 %. Dieses sehr einfache Beispiel weist verschiedene Elemente gekonnter numerischer Mathematik auf. Die Startfunktion für die Iteration wird nicht willkürlich gewählt, sondern es geht der Wahl der Startfunktion Überlegung voraus, entweder physikalisch-anschauliche Überlegung, oder auch - wie im Beispiel - numerische Überlegung, etwa eine Überschlagsrechnung oder auch eine einfache Skizze. Der Ablauf der Rechnung ist nicht a-priori vorhersagbar, es werden "probehalber" Ansätze eingeführt und gegebenenfalls wieder verworfen. Diese Art, numerische Mathematik zu betreiben ist nicht programmierbar und nicht mechanisierbar, sie ist aber geeignet, aus dem durch die modernen Rechenanlagen dem angewandten Mathematiker zur Verfügung stehenden mächtigen Werkzeug ein Maximum an Gewinn herauszuholen.

Eine breitere, wenn auch nicht immer so direkte Auswirkung auf die Anwendungen haben die Zeitschriftenaufsätze von Lothar Collatz gehabt. Es gibt zahlreiche Veröffentlichungen, in denen direkt Bezug auf Anwendungen genommen wird, und es tritt uns hier eine Vielzahl von Gebieten entgegen. Neben Anwendungen aus der technischen Mechanik findet man Arbeiten über Regelungstechnik, Strömungsmechanik, Schiffbau, Astronomie, und in zahlreichen Aufsätzen erscheinen Beispiele aus anderen Anwendungsgebieten, etwa

Meteorologie, Ozeanographie, Wirtschaftswissenschaften und Biologie. Der Hauptteil der Publikationen von Lothar Collatz ist den Methoden und Verfahren der angewandten Mathematik gewidmet, wobei Beziehungen zu den verschiedensten Gebieten der Mathematik und der Anwendungen hergestellt werden. Daneben gibt es auch Artikel über "reine" Mathematik, bei denen die Nützlichkeit der Mathematik gegenüber deren Ästhetik zurücktritt (aber natürlich nie ganz verschwindet). Insbesondere sind unter den letztgenannten die Arbeiten über Graphentheorie bemerkenswert. Seit seiner ersten Publikation im Jahre 1934 über dieses Gebiet ist Lothar Collatz immer wieder zu diesem Thema zurückgekehrt. Besonders hervorzuheben sind Aufsätze über numerische Mathematik allgemein sowie über die Ausbildung in numerischer Mathematik in Schule und Universität. Bedeutenden Einfluß auf die Anwender haben die Übersichtsartikel in Nachschlagewerken gehabt, insbesondere in Flügge's Handbuch der Physik und im Handbook of Engineering Mechanics. Nicht zu vergessen sind weiterhin Publikationen, die für ein breiteres Publikum gedacht sind, etwa die im "Bild der Wissenschaft" veröffentlichten Beiträge. Ich halte solche Aufsätze bei dem beklagenswert schlechten Informationsstand der Öffentlichkeit für eminent wichtig.

Zahlreiche der Arbeiten von Lothar Collatz stehen am Anfang einer fruchtbaren neuen Entwicklung in der angewandten Mathematik. Ich erwähne hier nur die Untersuchungen über Monotonie und monotone Art, die Einführung und Verbreitung funktionalanalytischer Methoden in der numerischen Mathematik, die Beschäftigung mit Fragen der Approximationstheorie und die Einbeziehung der Optimierung in die numerische Mathematik. Keines dieser Gebiete ist eigene Erfindung von Lothar Collatz, vielmehr formte er diese Teilgebiete der Mathematik zu Werkzeugen für die Anwendungen um. Es ist hier nicht der Ort für eingehende Untersuchungen über den Einfluß, den Lothar Collatz und seine Schüler auf die Entwicklung der Mathematik ausgeübt haben. Ich möchte nur einige Aspekte aufzeigen, die mir persönlich wichtig erscheinen. Dabei gehe ich auch ganz bewußt nicht auf Dinge ein, die eigentlich hier genannt werden müßten, etwa die Vorwegnahme der Idee der Splinefunktionen in einer gemeinsam mit Quade 1938 veröffentlichten Arbeit, die zahlreichen wichtigen Publikationen zur Einschließung von Eigenwerten, die vielfältigen Arbeiten über die numerische Behandlung von Differentialgleichungen, die zahlreichen Beiträge zu den alltäglichen Problemen der numerischen Mathematik: numerische Quadratur, Interpolation, Glättung von Daten, graphische Verfahren, Rechenmethoden etc.

Ein besonders wichtiger Themenkomplex aus dem Schaffen von Lothar Collatz läßt sich unter dem Titel eines seiner Bücher zusammenfassen: Funktionalanalysis und numerische Mathematik. Diese Zusammenstellung zweier Themen als Buchtitel war zur Zeit des Erscheinens dieses Buches im Jahre 1964 wohl programmatisch zu verstehen. In der Einleitung sind als potentielle Leser die Vertreter der Theorie genannt, aber auch Physiker und Ingenieure. Eines der erklärten Ziele des Buches war es, "den unseligen Unterschied zwischen "reiner" und "angewandter" Mathematik ad absurdum zu führen", zu zeigen, daß es nur eine Mathematik gibt. Ich fühle mich nicht kompetent, zu beurteilen, ob dieses Vorhaben gelungen ist. Das Selbstbewußtsein der angewandten Mathematiker ist im letzten Jahrzehnt gewachsen, zum erheblichen Teile auch durch die Wirkung dieses Buches, und ich würde heute eher einen Unterschied sehen zwischen "nützlicher" und "unnützer" Mathematik, wobei nicht alle "angewandte" Mathematik "nützlich" sein muß und nicht alle "reine" Mathematik "unnütz".

Ein wichtiger Appell dieses Buches und zahlreicher Arbeiten von Lothar Collatz zu diesem Thema scheint mir umgekehrt an die Anwender gerichtet zu sein: Numerische Mathematik ist in erster Linie Mathematik, und man kann durchaus das begreifliche Streben, vernünftige Zahlen mit vernünftigem Aufwand in vernünftiger Zeit zu produzieren, mit mathematischer Strenge vereinbaren. Weiterhin wird glaubhaft gemacht, daß mathematische Abstraktion einen ganz konkreten Nutzen hat. Verstreute Einzeltatsachen werden zusammengefaßt, Zusammenhänge und Bezüge werden aufgedeckt und die mathematische Intuition arbeitet effektiver durch abstrakte Organisation: Entdeckt man ein bekanntes abstraktes Schema in einem konkreten Vorgang, dann bedeutet dies, daß damit dieser Vorgang dem schon bekannten Mechanismus gehorcht, andererseits liefert die reale Welt uns stets konkrete Vorgänge, die in keines der bekannten Schemata passen und die uns daher wichtige Hinweise für weitere sinnvolle Abstraktionen liefern. Bekanntes Beispiel für die Kraft der Abstraktion sind die verschiedenen Fixpunktsätze, die den Anwendungen eine neue Welt von Methoden eröffneten. Es ist für einen Anwender ein sehr überzeugendes Argument für den Wert der Abstraktion, wenn man etwa den Fixpunktsatz für kontrahierende Abbildungen anschaulich für reelle Funktionen formuliert und beweist und dann zeigt, wie man durch Abstraktion der Begriffe "Abstand", "Steigung" usw. durch wörtliche Übertragung zu einem nützlichen Satz kommt.

Ein weiteres schönes Beispiel ist die Monotonie. In einem 1952 erschienenen Aufsatz "Aufgaben monotoner Art" hat Lothar Collatz den Grundstein gelegt für eine ungewöhnlich reichhaltige und fruchtbare Theorie, die von ihm und zahlreichen seiner Schüler zu einem machtvollen Werkzeug der numerischen Mathematik ausgebaut wurde. In beeindruckender Weise wurde der Schauder'sche Fixpunktsatz durch Einbettung in die Theorie der Monotonie den Anwendungen dienstbar gemacht und damit das Gebiet der numerisch behandelbaren Probleme entscheidend erweitert. Es zeigte sich, daß Monotonieüberlegungen nicht nur zur Fehlereinschließung und zur Konstruktion von Lösungen nichtlinearer Operatorgleichungen in halbgeordneten Räumen nützlich sind, man kann mit ihrer Hilfe zum Beispiel auch gewisse Konvergenzeigenschaften des Newton-Verfahrens besser verstehen und auch numerisch ausnutzen.

Die Funktionalanalysis hat es ermöglicht, umfangreiche Klassen von nichtlinearen Aufgabenstellungen der numerischen Behandlung zugänglich zu machen. Gerade auf diesem Gebiet hatte sich durch die stürmische Entwicklung der Anwendungen ein enormer Bedarf ergeben. Wenn es heutzutage möglich ist, hochgradig nichtlineare

Erscheinungen wie z.B. Aufgaben der nichtlinearen Mechanik, de. Plasmaphysik usw. mit erstaunlicher Genauigkeit numerisch nachzuvollziehen, so ist das nicht zuletzt auch den Bemühungen von Lothar Collatz zu verdanken, der neue Methoden und Denkweisen in der angewandten Mathematik heimisch machte und ihre Zweckmäßigkeit durch überzeugende Beispiele demonstrierte. Insofern ist es sicher keine Übertreibung, zu sagen, daß Lothar Collatz durch seine Arbeiten unsere Welt verändert hat, welches wohl das höchste und angemessenste Kriterium für einen Wissenschaftler ist. Lassen wir wieder Swift zu Wort kommen:

> ... Alsdann sprach er als seine Meinung aus, derjenige, welcher bewirke, daß zwei Kornähren oder zwei Grashalme mehr auf irgendeinem Boden wüchsen, erwerbe sich ein größeres Verdienst um die Menschheit und erweise seinem Vaterlande einen bedeutenderen Dienst als das ganze Geschlecht der Politiker.

Lothar Collatz darf für sich in Anspruch nehmen, diesem Kriterium zu genügen, und wir alle sollten uns selbst häufig fragen, wo wir bewirkt haben, daß zwei Grashalme mehr wachsen!

Eine weitere wichtige Klasse von Arbeiten von Lothar Collatz kann man unter dem Begriff "Approximation und Optimierung" zusammenfassen. Ehe noch die Optimierung hier in Deutschland "hoffähig" geworden war, hatte er deren Bedeutung für die numerische Mathematik erkannt und die Zusammenhänge zur Approximationstheorie gesehen. Auch hierbei war er nicht ohne Vorgänger, jedoch stellte er konsequent Bezüge her und propagierte mit Erfolg und überzeugend Optimierungsaufgaben und Approximationsmethoden als Werkzeuge der numerischen Mathematik. In zahlreichen Veröffentlichungen demonstrierte er anhand von Beispielen die Wichtigkeit und Bedeutung der Approximationstheorie für verschiedene Arten von numerischen Problemen, insbesondere zur numerischen Behandlung von gewöhnlichen und partiellen Differentialgleichungen.

Eine sehr große Bedeutung für die Verbreitung der Optimierungstheorie unter den angewandten Mathematikern hat das gemeinsam mit W. Wetterling im Jahre 1966 geschriebene Buch "Optimierungsaufgaben" gehabt. In diesem Büchlein von insgesamt 18o Seiten wird zunächst die lineare Optimierung behandelt, daran schließt sich ein Teil über konvexe und über quadratische Optimierung an. Diese drei Teile sind knapp und klar gehalten, der Gesamtumfang beträgt nur 12o Seiten. Trotz dieser Kürze sind alle wesentlichen Aspekte behandelt, nichts von Belang ausgelassen. Alles ist mit äußerster Präzision und mathematischer Strenge behandelt. Besonders in diesem Punkt unterscheidet sich das Buch wohltuend von anderen Büchern über das gleiche Thema aus dieser Zeit - es gibt deren zahllose. Allein schon durch diese vorbildliche strenge Behandlung hat das Buch den Optimierungsproblemen in Deutschland unter den Mathematikern wesentlich zu Ansehen verholfen.

Hinzu kommt, daß das Buch eine Anzahl von bemerkenswerten Beispeilen enthält, die u.a. auch zeigen, daß Optimierungsprobleme nicht nur in den Wirtschaftswissenschaften auftreten. Ich denke hier zunächst an ein Beispiel, das auf W. Prager zurückgeht, und das den plastischen Kollaps einer an vier Ecken abgestützen starren Platte beschreibt. Dieses Beispiel ist eine ausgezeichnete Illustration der Dualität beim linearen Optimieren. Bei der Berechnung von kritischen Belastungen spielt heute die lineare und quadratische Optimierung eine bedeutende Rolle, das Beispiel ist also "relevant". Das vierte Kapitel des Buches ist der Anwendung der Optimierung auf die Tschebyscheff-Approximation gewidmet. Dabei werden natürlich auch wieder mannigfache Verbindungen hergestellt: zu Randwertaufgaben bei elliptischen Differentialgleichungen, kontrahierenden Abbildungen in pseudometrischen Räumen und Aufgaben monotoner Art. Diese konsequente Verknüpfung von Optimierung, Approximationstheorie und Numerik hat deutlich gemacht, daß Optimierungsprobleme genauso zu dem Handwerkszeug des Numerikers gehören wie beispielsweise Quadraturformeln und Verfahren zur Lösung linearer Gleichungssysteme.

Der Themenkreis Optimierung - Approximation tritt in den Arbeiten von Lothar Collatz sehr häufig auf. Es werden verschiedene Typen von Approximationsaufgaben untersucht mit Gewinn für zahlreiche numerische Anwendungen. Besonderes Interesse gilt den nichtlinearen Approximationsproblemen, insbesondere der rationalen Approximation. In dem gemeinsam mit W. Krabs geschriebenen Buch "Approximationstheorie" findet man eine zusammenfassende Darstellung. Eine für die Arbeitsweise von Lothar Collatz sehr typische Konstruktion sind die sogenannten H-Mengen, die er 1965 einführte. Diese Mengen erlauben eine bequeme Einschließung der Minimalabweichung bei mehrdimensionaler Approximation. Es ist im allgemeinen nicht einfach, solche H-Mengen konstruktiv zu ermitteln, jedoch kann man in zahlreichen Spezialfällen mit etwas Geschick H-Mengen "sehen". Anhand eines umfangreichen Beispielmaterials hat Lothar Collatz gezeigt, auf welche Weise man in wichtigen Anwendungsfällen der Mathematik durch das H-Mengen-Konzept zu überraschenden und beeindruckenden Resultaten gelangen kann. Voraussetzung dazu ist aber Geschick und Fingerspitzengefühl, numerisches Können, u.U. auch numerische Experimente, kurz ein "intelligenter Mathematiker", wie er bereits beschrieben wurde.

Ein ausgezeichneter Indikator für das, was an der Front der numerischen Mathematik geschieht, sind die von Lothar Collatz veranstalteten Tagungen. Seit Jahren schon wurden auf diesen Tagungen Themen der angewandten Mathematik behandelt, und nicht selten stellt sich erst nachträglich heraus, wie aktuell diese Themen eigentlich waren. Häufig sind zu diesen Tagungen auch Anwender eingeladen, so daß sich hier Gelegenheiten des direkten Kontaktes von Mathematik und Anwendungen ergeben. Wer immer eine Geschichte der angewandten Mathematik unserer Zeit schreiben wird, er tut gut daran, die Folge der ISNM-Bände über die von Lothar Collatz veranstalteten Oberwolfach-Tagungen aufmerksam zu studieren.

Wir haben uns hier zusammengefunden, um einen Großen der Mathematik zu ehren, einen Mathematiker, der in überzeugender Weise nachgewiesen hat, daß Mathematik eine nutzbringende Wissenschaft ist. Es ist für uns eminent wichtig, daß dieser Nachweis immer wieder erbracht wird. Die Entwicklung der letzten Jahrzehnte hat einen bedeutenden Verlust an Vertrauen bewirkt in die Fähigkeit der Mathematik und der Mathematiker, Probleme zu lösen. Wenn man den Aussagen der Zukunftsforscher Glauben schenken darf, dann steht die Menschheit heute vor einer großen Anzahl von Problemen, und es ist nicht klar, wie diese zu lösen sind. Eines ist aber ganz sicher klar: daß bei der Lösung dieser Probleme die angewandte Mathematik eine entscheidende Rolle spielen wird. Mathematik ist die am wenigsten aufwendige, umweltfreundlichste, "sanfteste" unter den Wissenschaften, die die Welt verändern können. Die Verteilungsprobleme der Zukunft, die sparsame Verwendung von Energie und Bodenschätzen, alles dies bedarf der größten Anstrengungen der Mathematiker. Nur wenn wir alle jetzt schon in der Lage sind, zu zeigen, daß wir mit unserer Mathematik reale Probleme lösen können, wird man uns glauben, daß wir auch den vor uns liegenden Aufgaben gewachsen sind. Ich möchte mit einem Zitat von Johannes Kepler zu diesem Thema schließen:

> ... also tun auch diejenigen weislich und wohl, welche, obwohl sie über die schon längst bekannten Vorteile hinaus keinen großen Nutzen vor Augen sehen, dennoch die mathematischen Künste fortpflanzen und allen Hantierungen zum besten erhalten helfen; in der Erwägung, daß diejenige Kunst, welche bisher dem menschlichen Geschlecht so hoch und viel genützet, eben darum einen unerschöpflichen Schatz in sich verborgen haben müsse, welcher sich durch fleißiges Nachforschen, wie bisher, also auch noch fernerhin entdecken lasse.

THE PROBLEM OF THE COMPLETENESS OF SYSTEMS OF PARTICULAR SOLUTIONS OF PARTIAL DIFFERENTIAL EQUATIONS

Gaetano Fichera

1. The Mergelyan completeness theorem and its extension to general elliptic operators.

Let K be a compact set of the plane of the complex variable $z = x + iy$ and $\Omega(K)$ the vector space of complex valued functions $f(z)$ defined on K, continuous on K and holomorphic in any interior point of K (if any). If $\Omega(K)$ is endowed with the norm

$$\| f(z) \| = \max_K | f(z) | ,$$

it becomes a Banach space.

Let A be an open set containing K and S a vector space formed by functions holomorphic in A. The following problem is well known in approximation theory:

Problem: Find necessary and sufficient condition for

$$\bar{S} = \Omega(K) , \tag{1}$$

i.e. for the completeness (density) of S in $\Omega(K)$.

In other words, under what conditions (either on S or on K), given $\varepsilon > 0$, for any $f(z) \in \Omega(K)$, there exists $p(z) \in S$ such that

$$| f(z) - p(z) | < \varepsilon \qquad (\forall\, z \in K).$$

It is very classical the case when S is the vector space of all the polynomials in the variable z. In this case the first answers to the problem were given by Weierstrass [1] and by Runge

[2] in 1885.

Weierstrass proved that (1) holds if

$$K \equiv \{z ; \; z = x + i0 , \; 0 \le x \le 1\} .$$

Runge proved that

$$\bar{S} \supset \Omega_1(K) ,$$

where $\Omega_1(K)$ is the subset of $\Omega(K)$ formed by all the functions g each of them being holomorphic in a simply-connected open set containing K .

The case of the approximation of a function of $\Omega(K)$ by polynomials has given rise to a long series of papers ([3],[4],[5],[6],[7],[8],[9],[10],[11],[12],[13]) trying to bridge the Weierstrass result and the Runge one.

In 1951 Mergelyan [14],[15] was able to give a complete answer to the polynomial approximation problem by proving the following theorem:

I. <u>(1) holds if and only if the complement set $\complement K$ of K is connected.</u>

The case when S is formed by functions different from polynomials, for instance rational functions, has been widely studied [16],[15]. More recently the problem of the approximation of functions of $\Omega(K)$ by rational functions having prescribed poles in points of $\complement K$ which accumulate on ∂K , has been studied [17], [18],[19],[20]. In this case A is not fixed for every function of S , but depends on this function.

The approximation problem has been considered also in the case that the "uniform norm" $\max_K |f|$ is replaced by a different one, for instance a L^q norm ([16],[21],[22],[23]).

Analiticity for $f(z)$ in the interior of K means that f is a solution of the PDE of elliptic type

$$Lf \equiv \frac{\partial f}{\partial x} + i \frac{\partial f}{\partial y} = 0 .$$

It is natural to try to extend the approximation problem to solutions of a general elliptic partial differential equation.

To this end we suppose that K is a compact set of the cartesian space X^r of the points x with r real coordinates $x_1, \dots, x_r$. We assume that K has interior points. If α is the multi-index $(\alpha_1, \dots, \alpha_r)$ we set, as usual, for any real r-vector $\xi \equiv (\xi_1, \dots, \xi_r)$

$$\xi^\alpha = \xi_1^{\alpha_1} \cdots \xi_r^{\alpha_r} \quad , \; (\xi_k^{\alpha_k} = 1 \text{ if } \xi_k = 0 , \; \alpha_k = 0)$$

$$D^\alpha = D_1^{\alpha_1} \dots D_r^{\alpha_k} \quad , \quad D_k = \frac{\partial}{\partial x_k} \qquad (k = 1, \dots, r).$$

Let $a_\alpha(x)$ be complex valued functions belonging to $C^\infty(X^r)$. Set

$$L = \sum_{|\alpha|=0}^{n} a_\alpha(x) D^\alpha \qquad (|\alpha| = \alpha_1 + \dots + \alpha_r)$$

and denote by L^* the formal adjoint of L

$$L^* = \sum_{|\alpha|=0}^{n} (-1)^{|\alpha|} D^\alpha (a_\alpha(x) \quad),$$

We suppose that L is elliptic in the sense of Petrowski , i.e.

$$\sum_{|\alpha|=n} a_\alpha(x) \xi^\alpha \neq 0 \quad \text{for } \forall \ x \quad \text{and for } \forall \ \text{real } \xi \neq 0 .$$

Let $\Omega(K)$ be the space of complex-valued functions $f(x)$ which belong to $C^0(K) \cap C^\infty(K - \partial K)$ and are solutions of $Lf = 0$ in $K - \partial K$. We assume the following norm: $\| f \| = \max_K | f(x) |$.

Let S be a vector space of solutions $p(x)$ of the equation $Lp = 0$ in an open set A containing K . The question again arises: under what conditions we have $\bar{S} = \Omega(K)$? The problem, starting from particular elliptic equations, has been studied by several authors. We restrict ourselves to quote here the following papers [24],[25],[26],[27],[28].

Although a theorem analogous to the Mergelyan one is not known for the general case, a rather broad result holds even for an arbitrary elliptic operator L . To this end we must consider a suitable set of hypotheses.

Let B be an open set containing the closure $\bar{A}$ of the open set A containing K . We assume:

(i) L possesses in B the "unique continuation property", i.e. if $Lu = 0$ in the connected open set $B' \subset B$ and if u vanishes in a non-empty open subset of B', then $u \equiv 0$ in B' .

(ii) L^* possesses in B the "unique continuation property".

(iii) $K - \partial K = G$, being G a connected, bounded open set, which, moreover, satisfies a "restricted cone hypothesis". This means that a finite open covering $\{ I_h \}$ $(h = 1, \dots, t)$ of K exists such that there exists $R > 0$ and open sets $\{ \Gamma_h \}$ on the unit sphere $|\xi| = 1$ of X^r in such a way that the cone

$$C_x \equiv \{ y , \ y = x + r\xi \ , \ 0 < r < R \ , \ \xi \in \Gamma_h \}$$

is contained in G if $x \in \bar{G} \cap I_h$.

(iv) $B - K$ is connected.

Under the assumptions (i),(ii) a biregular fundamental solution $s(x,y)$ for L and L^* exists in B [27]. The function $s(x,y)$ belongs to $C^\infty[(X^r \times X^r)-\Delta]$ (Δ is the diagonal of the product space $X^r \times X^r$). Moreover

$$L_x[s(x,y)] = \delta, \qquad L_y^*[s(x,y)] = \delta,$$

where L_x (where L_y^*) means that the operator L (the operator L^*) acts on $s(x,y)$ as a function of x (of y); δ is the Dirac δ-function.

Let H be an open set such that $\bar{H} \subset B-\bar{A}$.

We define S to be anyone of the following vector spaces:

a) $S \equiv \{p(x),\ p(x) = \int_H \varphi(y)\, s(x,y)\, dy,\ \forall \varphi \in C^\infty(\bar{H})\}$;

b) $S \equiv \{p(x),\ p(x) = c_1 s(x_1,y_1) + \dots + c_m s(x_1,y_m),\ \forall y_1,\dots,y_m \in H\}$,

(m is any positive integer and $c_1,\dots,c_m$ are arbitrary complex constants);

c) $S \equiv \{$ polynomials solutions of $Lu = 0$, provided $a_\alpha(x) \equiv$ constant for any $\alpha\}$.

The following theorem, taking S as indicated in b), was conjectured by Agmon and was proved by Browder [28].

II. Under the assumptions (i),(ii),(iii),(iv) $\bar{S} = \Omega(K)$.

For the proof we assume that S has been defined as indicated in a). Let F be an element of the topological dual space $\Omega^*(K)$ of $\Omega(K)$ and suppose that

$$F(p) = 0 \qquad \forall p \in S. \tag{2}$$

For the Hahn-Banach theorem we may suppose that the functional F is defined in the whole space $C^0(K)$ and is bounded. Hence a complex valued measure function, defined on the σ-ring of the Borel sets of K, exists such that Eq.(2) can be written

$$\int_K d_x\mu \int_H \varphi(y)\, s(x,y)\, dy = 0.$$

For the Fubini theorem we have

$$\int_H \varphi(y)\, dy \int_K s(x,y)\, d_x\mu = 0 \qquad \forall \varphi \in C^\infty(\bar{H})$$

which implies, because of the arbitrariness of φ and because of hypotheses (ii),(iv),

$$\int_K s(x,y)\, d_x\mu = 0 \qquad \forall y \in B-K. \tag{3}$$

By similar arguments it is possible to deduce (3) from (2) also in the cases when S is defined either by b) or by c) .[1]

By using function theoretic arguments it is possible to show that the "potential"

$$w(y) = \int_K s(x,y)\, d_x \mu$$

belongs to the Sobolev space $H^{n-1,s}(K)$ for any $s < r(r-1)^{-1}$. Since $w(y)$ vanishes identically in $B-K$, there exists, because of hypothesis (iii), a sequence $\{w_\nu(y)\}$ of functions of $\dot{C}^\infty(G)$ (i.e. the space of C^∞ functions with support in G) which converges in the norm of $H^{n-1,s}$ to $w(y)$ and, moreover, is such that $\{L^* w_\nu\}$ converges in the weak* topology of the space $C^{\circ *}(K)$ to the measure μ , i.e.

$$\lim_{\nu\to\infty} \int_K \psi L^* w_\nu\, dy = \int_K \psi\, d\mu \qquad \forall\ \psi \in C^\circ(K).$$

We have for any $f \in \Omega(K)$

$$\int_K f\, d\mu = \lim_{\nu\to\infty} \int_K f L^* w_\nu\, dy = \lim_{\nu\to\infty} \int_K (Lf)\, w_\nu\, dy = 0$$

which proves the theorem.

Remark. It is obvious that the theorem still holds if we define the space $\Omega(K)$ as the space of the solutions f of the equation $Lf = 0$, such that

$$\int_G |f|^q dy < +\infty \qquad (q \geq 1)$$

and assume the norm in $\Omega(K)$ to be the L^q norm

$$\|f\| = \left(\int_G |f|^q dy\right)^{1/q}.$$

2. Completeness theorems connected with BVP.

Theorem II of the preceding section suggests the idea of using a sequence of particular solutions of the equation $Lu = 0$ for approximating the solution of a given BVP for such an equation . However it gives no indication concerning the convergence to the desired solution even if a computational method is set up.

---

(1) In the latter case a somewhat longer argument is needed.

We wish now to consider more sophisticated completeness theorems connected to various kind of BVP and to review the relevant results. Since the kind of problem, we are now going to investigate, are more delicate than the one considered above, we restrict ourselves to the particular case of the Laplace operator

$$\Delta_2 \equiv \frac{\partial^2}{\partial y_1^2} + \cdots + \frac{\partial^2}{\partial y_r^2}$$

although results for more general elliptic operators are known, as we shall mention later.

From now on we suppose, unless a contrary statement is made, that the domain G is simply-connected and has a "Liapounov boundary" $C^{1+\lambda}$. This means that the normal field to the boundary ∂G of G is continuous and satisfies a uniform Hölder condition with an exponent λ. Let us consider the following BVP for the Laplace equation

$$\Delta_2 u = 0 \quad \text{in} \quad G$$

<u>Dirichlet Problem</u>: $u = A$ on ∂G

<u>Neumann Problem</u>: $\frac{\partial u}{\partial \nu} = B$ on ∂G

(ν is the external normal to ∂G)

<u>Mixed Problem</u>: $u = A$ on $\partial_1 G$, $\frac{\partial u}{\partial \nu} = B$ on $\partial_2 G$

$\partial_1 G$ and $\partial_2 G$ are two disjoint sets of ∂G , such that $\partial G = \overline{\partial_1 G} \cup \overline{\partial_2 G}$, $\partial_k G$ having the same superficial measure as $\overline{\partial_k G}$ $(k = 1,2)$.

The idea for computing the solution of one of the considered BVP's, for instance the Dirichlet problem, consists in constructing a sequence of particular solutions of the Laplace equation - say harmonic polynomials - which approximates A in a certain norm, for instance in the $C^0(\partial G)$ norm and then to obtain a sequence which, because of the maximum modulus theorem for harmonic functions, converges uniformally in $\bar{G}$ to the solution of the Dirichlet problem.

It is evident the relationship between the completeness of the vector space S of the harmonic polynomials in $C^0(\partial G)$ and the completeness in $\Omega(K)$ as considered in Section 1. Completeness in $C^0(\partial G)$ is a stronger result since it implies, as a consequence of the maximum principle, not only completeness in $\Omega(K)$, but also the existence theorem for the Dirichlet problem in $C^0(\bar{G})$.

Actually completeness of S in $C^\circ(\bar{G})$ is perfectly equivalent to completeness in $\Omega(K)$ plus existence theorem. Hence if G is an arbitrary simply-connected domain we cannot have the completeness of S in $C^\circ(\partial G)$ if the Dirichlet problem in $C^\circ(\bar{G})$ for the Laplace equation is not solvable in G.

In the case of the Neumann problem, B should be approximated by a sequence of normal derivatives of harmonic polynomials.

When we deal with the mixed problem we should consider the vector with two components, A on $\partial_1 G$ and B on $\partial_2 G$, and approximate it by a sequence of vectors, each of them having as component in $\partial_1 G$ the restriction on $\partial_1 G$ of an harmonic polynomial and as component in $\partial_2 G$ the normal derivative on $\partial_2 G$ of the same polynomial. Hence the following completeness problems arise:

1) Considered the space $C^\circ(\partial G)$ [the space $L^q(\partial G)$ $(q \geq 1)$] is the set S of all the harmonic polynomials complete in this space, i.e. $\bar{S} = C^\circ(\partial G)$ [$\bar{S} = L^q(\partial G)$] ?

2) Considered the space $\tilde{C}^\circ(\partial G)$ [the space $\tilde{L}^q(\partial G)$] of all the continuous (the L^q) functions on ∂G with a vanishing mean value on ∂G, is the set S_ν of all the normal derivative of the harmonic polynomials complete in $\tilde{C}^\circ(\partial G)$ [in $\tilde{L}^q(\partial G)$] i.e. $\bar{S}_\nu = \tilde{C}^\circ(\partial G)$ [$\bar{S}_\nu = \tilde{L}^q(\partial G)$] ?

3) Considered the space $C^\circ(\overline{\partial_1 G}) \times C^\circ(\overline{\partial_2 G})$ [$L^q(\partial_1 G) \times L^q(\partial_2 G)$], is the set $S_M \equiv \{ p|_{\overline{\partial_1 G}}, \frac{\partial p}{\partial \nu}|_{\overline{\partial_2 G}} \}$, where p is an arbitrary harmonic polynomial, complete in this space, i.e. $\bar{S}_M = C^\circ(\overline{\partial_1 G}) \times C^\circ(\overline{\partial_2 G})$ [$\bar{S}_M = L^q(\partial_1 G) \times L^q(\partial_2 G)$] ?

These problems, in connection with the Laplace equation and with more general elliptic or parabolic euqations were posed, about forty years ago, by Mauro Picone [29] and gave rise to a long series of investigations by the italian school, working with Picone. We wish here to review some of the results obtained for the Laplace equation. To this end we consider a function class introduced by Amerio [30] in 1945. Given the real number $s \geq 1$, we denote by $\mathcal{A}^s$ the class of all the functions u which enjoy the following properties:

I) $u \in L^s(G)$.

II) There exist $A \in L^s(\partial G)$, $B \in L^s(\partial G)$ such that

$$(3) \qquad \int_G u \, \Delta_2 \psi \, dx = \int_{\partial G} \left(A \frac{\partial \psi}{\partial \nu} - B \psi \right) d\sigma \qquad \forall \; \psi \in C^\infty(X^r).$$

The following "regularization theorem" is due to Amerio ([30], [31]).

III. If $u \in \mathcal{A}^s$, u is harmonic in G and for almost any ξ of ∂G the following limit relations hold:

$$\lim_{x \to \xi} u(x) = A(\xi) \quad , \quad \lim_{x \to \xi} \frac{\partial u}{\partial \nu} = B(\xi) ,$$

where x tends to ξ on the internal normal at ∂G in ξ.

In the opinion of the writer this theorem of Amerio is of remarkable technical and historical interest, since it is the first "regularization theorem" on the boundary for weak solutions of an elliptic equation. It appeared only a few years later of the results by Caccioppoli (1938) and by Weyl (1940) concerning the "interior regularization". It is not difficult to prove that if ∂G and either A or B are sufficiently smooth in a neighborhood of a point ξ on ∂G, then u has a corresponding degree of smoothness in a neighborhood of ξ on $\bar{G}$.

The BVP's for the Laplace equation which were considered above can be set in the class $\mathcal{A}^s$ (see [32]).

The following three lemmas are of technical interest.

IV. A and B are uniquely determined by u.

In fact it is easily seen that

$$\int_{\partial G} \left(A \frac{\partial \psi}{\partial \nu} - B\psi \right) d\sigma = 0 \qquad \forall \psi \in C^\infty(X^*)$$

implies $A = B = 0$.

V. $A = 0$, $B = 0$ imply $u = 0$.

In fact

$$\int_G u \, \Delta_2 \psi \, dx = 0 \qquad \forall \psi \in C^\infty(\bar{G})$$

implies $u = 0$.

VI. Given $A, B \in L^s(\partial G)$ there exists $u \in \mathcal{A}^s$ satisfying (3) if and only if

$$\int_{\partial G} \left(A \frac{\partial p}{\partial \nu} - B p \right) d\sigma = 0 \qquad \forall \text{ harmonic polynomial } p.$$

Necessity of the condition is obvious.

For the proof of sufficiency we refer to the paper [30].

Let q be a positive real number such that

$$\frac{1}{q} + \frac{1}{s} = 1 .$$

We permit q to be $q = 1$; in this case we assume $s = \infty$. On the other hand, unless the contrary is stated, we assume $s > 1$.

The following theorem connects the function class $\mathcal{A}^s$ with the completeness problem which we stated before [32].

VII. The vector space S $[S_\nu, S_M]$ is complete in $L^q(\partial G)$ $[\tilde{L}^q(\partial G), L^q(\partial_1 G) \times L^q(\partial_2 G)]$ if and only if the uniqueness theorem for the corresponding BVP in $\mathcal{A}^s$ holds.

Let us consider the proof in the case of the vector space S. The argument is similar in the remaining two cases.

Assume that the uniqueness theorem for the Dirichlet problem in $\mathcal{A}^s$ holds, i.e. that $A = 0$ in (3) implies $u = 0$. Let $B \in L^s(\partial G)$ such that

$$\int_{\partial G} B p \, d\sigma = 0 \qquad \forall \; p \in S . \tag{4}$$

For lemma VI, (4) implies (3) with $A = 0$. Hence $u = 0$ and, for lemma IV, $B = 0$. Viceversa, let us suppose that $\bar{S} = L^q(\partial G)$. Let u be a function of $\mathcal{A}^s$ corresponding to the boundary datum $A = 0$ on ∂G. By lemma VI, (3), with $A = 0$, implies (4) and for the assumed completeness $B = 0$ Hence, for lemma V, $u = 0$.

The following results were proved in [32].

VIII. For $1 \leq s \leq \infty$ the uniqueness theorem for the Dirichlet problem in $\mathcal{A}^s$ holds. Hence

α) FOR $1 \leq q < \infty$ S IS COMPLETE IN $L^q(\partial G)$.

For $1 \leq s \leq \infty$ the uniqueness theorem (mod. a constant) for the Neumann problem in $\mathcal{A}^s$ holds. Hence

β) FOR $1 \leq q < \infty$ S_ν IS COMPLETE IN $\tilde{L}^q(\partial G)$.

For $2 \leq s \leq \infty$ the uniqueness theorem for the mixed problem in $\mathcal{A}^s$ holds. Hence

γ) FOR $1 \leq q \leq 2$ S_M IS COMPLETE IN $L^q(\partial_1 G) \times L^q(\partial_2 G)$.

The main tool for proving the above results is the following representation theorem [32]:

IX. The function u belongs to $\mathcal{A}^s$ if and only if $\varphi \in L^s(\partial G)$ exists such that

$$u(x) = \int_{\partial G} \varphi(y)\, s(x,y)\, d\sigma_y \tag{5}$$

where

$$s(x,y) \begin{cases} = \log \dfrac{1}{|x-y|} & r = 2, \\[2ex] = \dfrac{1}{|x-y|^{r-2}} & r > 2 . \end{cases}$$

Let us now sketch the proof of the statement γ), which is the most interesting and difficult completeness results among the three considered in theorem VIII.

Because of (5) we have for almost all ξ on ∂G

$$A(\xi) = \int_{\partial G} \varphi(y)\, s(\xi, y)\, d_y\sigma, \tag{6}$$

$$B(\xi) = \frac{\omega_r}{2}\varphi(\xi) + \int_{\partial G} \varphi(y) \frac{\partial}{\partial \nu_\xi} s(\ , y)\, d_y\sigma \tag{7}$$

(ω_r = measure of the unit sphere of X^r).

The limit relations (6) and (7) are obtained by extending to potentials with Lebesgue integrable densities the classical results of potential theory [32] (see also [33] ,pp.103-113).

For any $u \in \mathcal{A}^s$ ($2 \leq s \leq \infty$) we define the functional

$$F(u) = \int_{\partial G} A(\xi)\, B(\xi)\, d\sigma .$$

Because of (6),(7) we have

$$F(u) = \iint_{\partial G \times \partial G} H(\xi, y)\varphi(\xi)\varphi(y)\, d\sigma_\xi\, d\sigma_y \equiv J(\varphi),$$

where

$$H(\xi, y) = \frac{\omega_r}{2} s(\xi, y) + \int_{\partial G} s(y, x) \frac{\partial}{\partial \nu_x} s(\xi, x)\, d\sigma_x .$$

The remaining part of the proof consists in proving that the quadratic form $J(\varphi)$ is positive definite in the space $L^2(\partial G)$ (see [32]).

Open Problem: Is $S_M \equiv \left\{ P\big|_{\partial_1 G}, \frac{\partial P}{\partial \nu}\big|_{\partial_2 G} \right\}$ complete in the space $L^q(\partial_1 G) \times L^q(\partial_2 G)$ if $q > 2$?

So far we have considered completeness theorems connected with L^q-approximation. What about C°-approximation?

Statements α) and β) of theorem VIII still hold if we substitute for the spaces $L^q(\partial G)$ and $\tilde{L}^q(\partial G)$ the spaces $C^\circ(\partial G)$ and $\tilde{C}^\circ(\partial G)$ respectively, while it is obvious that the completeness of S_M in the space $C^\circ(\overline{\partial_1 G}) \times C^\circ(\overline{\partial_2 G})$ is an open problem.

For getting completeness of S (of S_ν) in $C^\circ(\partial G)$[in $\tilde{C}^\circ(\partial G)$] one needs to consider the following extension of the class $\mathcal{A}^s$ namely the class $\mathcal{A}_\mu$ formed by the functions u of $L^1(G)$ such that there exist two measure functions α and β both defined on the σ-ring of all the Borel sets of ∂G , such that

$$\int_A u\, \Delta_2 \psi\, dx = \int_{\partial G} \frac{\partial \psi}{\partial \nu} d\alpha - \int_{\partial G} \psi\, d\beta \quad \forall\ \psi \in C^\infty(X^r). \tag{8}$$

Completeness of S [of S_ν] in $C^\circ(\partial G)$ [in $\tilde{C}^\circ(\partial G)$] amounts in proving that $\alpha=0$ ($\beta=0$) in (8) implies $u=0$. For this proof see [34],[35].

Let us remark that by using exactly the same methods one can prove completeness theorems connected with BVP for the non homogeneous equation $\Delta_2 u = f$. For instance, using the same proof employed for the statement α) of the theorem VIII, one can demonstrate that the vector space formed by all the vectors $\{P, \Delta_2 P\}$, where P is an arbitrary polynomial in the variables $x_1, \dots, x_r$, is complete in the space $L^q(\partial G) \times L^q(G)$.

It is possible to prove the completeness of S in $C^\circ(\partial G)$ under very general hypotheses on G. Namely by only assuming that G is such that the Dirichlet problem in $C^\circ(\bar{G})$ admits the existence theorem.

More delicate is the study of the completeness properties of S_ν when ∂G is not a Liapounov boundary. Only results in the case $r=2$ are known. M.P.Colautti [36] has investigated the problem assuming that ∂G is a closed Jordan curve, formed by a finite set of $C^{1+\lambda}$ arcs meeting at no cusps. For simplicity let us assume that ∂G is a closed contour of the $z=x+iy$ plane of class $C^{1+\lambda}$ in every point but in the point $z=0$, where ∂G has an angle, which viewed from G has a width measured by α ($0<\alpha<2\pi$, $\alpha\neq\pi$).

Let us denote by $\mathfrak{M}(\partial G)$ the function class of Lebesgue measurable function $B(z)$ on ∂G such that

$$B(z)\,|z|^{\pi/\alpha - 1} \in L^1(\partial G).$$

We have

$$\mathfrak{M}(\partial G) \supset L^1(\partial G) \quad \text{for} \quad \alpha<\pi \tag{9}$$

and

$$\mathfrak{M}(\partial G) \subset L^1(\partial G) \quad \text{for} \quad \alpha>\pi. \tag{10}$$

For $\alpha<\pi$ let us denote by ℓ the smallest integer such that $\ell \geq \pi/\alpha$. If $P(z)$ is an arbitrary polynomial of the complex variable z, we shall denote by $\{\tilde{p}\}$ the set of all the harmonic polynomials $\Re\, z^\ell P(z)$, $\Im\, z^\ell P(z)$. The following theorems hold [36]:

X. _If_ $\alpha<\pi$; $B\in\mathfrak{M}(\partial G)$,

$$\int_{\partial G} B\, d\sigma = 0 \,; \qquad \int_{\partial G} B \frac{\partial \tilde{p}}{\partial \nu}\, d\sigma = 0$$ _for any harmonic polynomial_ $\tilde{p}$,

then $B = 0$.

This result, because of (9), is stronger with respect to the one which holds for $\alpha = \pi$.

XI. If $\alpha > \pi$, $B \in \mathcal{M}(\partial G)$

$$\int_{\partial G} B\, d\sigma = 0 \quad , \int_{\partial G} B \frac{\partial p}{\partial \nu} d\sigma = 0 \quad \text{for any harmonic polynomial } p,$$

then $B = 0$.

This result, because of (10), is weaker with respect to the one which holds for $\alpha = \pi$.

It is self-suggesting how the class $\mathcal{M}(\partial G)$ should be defined and the theorems X and XI stated in the case that ∂G has more than one (non-cuspidal) angle.

For the proofs, which are very delicate, of theorems X and XI we refer to the paper [36] of M.P.Colautti.

The results which have been considered in this Section are, in the case $q = 2$, particularly useful for applications. There are two methods for the numerical solution of the BVP's for harmonic functions which, in fact, are founded on the completeness properties of the harmonic polynomials in the case $q = 2$. We briefly consider both of them in the case of the "mixed BVP", which, assuming, respectively, either $\partial_1 G = \emptyset$ or $\partial_2 G = \emptyset$, is inclusive of the Dirichlet and the Neumann problems. The first of the mentioned methods is the classical "least squares method". It consists in considering the sequence of the homogeneous harmonic polynomials $\{p_k\}$, obtained by arranging in a unique sequence the polynomials $\mathcal{R} z^h$, $\mathcal{I} z^h$ ($h = 0, 1, 2, \ldots$) and determining an approximating sequence $u_m = \sum_{k=1}^{m} c_k^{(m)} p_k$ to the solution of the mixed BVP u by minimizing, for each m , the integral

$$\int_{\partial_1 G} | A - \sum_{k=1}^{m} c_k p_k |^2 d\sigma + \int_{\partial_2 G} | B - \sum_{k=1}^{m} c_k p_k |^2 ds .$$

The minimizing constants $c_1^{(m)}, \ldots, c_m^{(m)}$ (assuming A and B real) are the solutions of the linear system

$$\sum_{k=1}^{m} c_k^{(m)} \left\{ \int_{\partial_1 G} p_k p_j \, d\sigma + \int_{\partial_2 G} \frac{\partial p_k}{\partial \nu} \frac{\partial p_j}{\partial \nu} d\sigma \right\} = \int_{\partial_1 G} A p_j \, d\sigma + \int_{\partial_2 G} B \frac{\partial p_j}{\partial \nu} d\sigma \quad (j = 1, \ldots, m).$$

By the completeness property of S in the case $q = 2$, the sequence is such that $\{u_m\}$ converges in $L^2(\partial_1 G)$ to A and $\left\{ \frac{\partial u_m}{\partial \nu} \right\}$ converges in $L^2(\partial_2 G)$ to B . Moreover $\{u_m\}$ converges uniformly to u in any compact subset of G .

The second method, introduced by Mauro Picone, consists in writing the Green formula for the unknown function u and for p_k as follows:

$$(11)\quad \int_{\partial_2 G} u \frac{\partial p_k}{\partial \nu} d\sigma - \int_{\partial_1 G} \frac{\partial u}{\partial \nu} p_k d\sigma = -\int_{\partial_1 G} A \frac{\partial p_k}{\partial \nu} d\sigma + \int_{\partial_2 G} B p_k d\sigma$$

and considering equations (11) as a Fischer-Riesz system for the unknown vector $\{u, -\frac{\partial u}{\partial \nu}\}$ in the space $L^2(\partial_2 G) \times L^2(\partial_1 G)$. Hence, because of the completeness of $\{\frac{\partial p_k}{\partial \nu}, p_k\}$ in this space, we have that

$$u = \lim_{m\to\infty} \sum_{k=1}^{m} \gamma_k^{(m)} \frac{\partial p_k}{\partial \nu}, \qquad -\frac{\partial u}{\partial \nu} = \lim_{m\to\infty} \sum_{k=1}^{m} \gamma_k^{(m)} p_k .$$

The limits must be understood in $L^2(\partial_2 G)$ and $L^2(\partial_1 G)$ respectively, and the constants $\gamma_k^{(m)}$ must be computed through the linear system

$$\sum_{k=1}^{m} \gamma_k^{(m)} \left\{ \int_{\partial_2 G} \frac{\partial p_k}{\partial \nu} \frac{\partial p_j}{\partial \nu} d\sigma + \int_{\partial_1 G} p_k p_j \, d\sigma \right\} = -\int_{\partial_1 G} A \frac{\partial p_j}{\partial \nu} d\sigma + \int_{\partial_2 G} B p_j \, d\sigma.$$

The solution u is the limit of the following sequence $\{U_m\}$ which converges uniformly in any compact subset of G

$$U_m(x) = \frac{1}{\omega_r} \left\{ \int_{\partial_2 G} B(y) s(x,y)\, d\sigma_y - \int_{\partial_1 G} A(y) \frac{\partial}{\partial \nu_y} s(x,y)\, d\sigma_y \right.$$

$$\left. - \frac{1}{\omega_r} \left\{ \int_{\partial_1 G} \left(\sum_{k=1}^{m} \gamma_k^{(m)}(y) \right) s(x,y)\, d\sigma_y + \int_{\partial_2 G} \left(\sum_{k=1}^{m} \gamma_k^{(m)} \frac{\partial}{\partial \nu} p_k(y) \right) \frac{\partial}{\partial \nu_y} s(x,y)\, d\sigma_y \right\} \right. .$$

According to the results, which have been considered in this paper in the case of the Dirichlet problem ($\partial_2 G = \emptyset$) the two methods can be applied to an arbitrary domain (with piece-wise smooth boundary) such that the Dirichlet problem in $C^0(\bar{G})$ be solvable in it. In the case of the Neumann problem ($\partial_1 G = \emptyset$) ∂G is required to belong to $C^{1+\lambda}$ for $r > 2$, while for $r = 2$ ∂G is permitted to be a closed Jordan curve formed by $C^{1+\lambda}$ arcs meeting at no cusps. In fact it is easily seen that $\mathcal{M}(\partial G) \supset L^2(\partial G)$.

For the mixed problem we suppose $\partial G \in C^{1+\lambda}$.

A further remarkable result due to Colautti [37] concerns the completeness of S, for $r = 2$, in the space $H_1(\partial G)$ of the functions defined on ∂G, which are absolutely continuous with respect to the arc length σ and have a derivative belonging to $L^2(\partial G)$. $H_1(\partial G)$ is endowed with the norm

$$\|u\|^2 = \int_{\partial G} \left(|u|^2 + \left| \frac{du}{d\sigma} \right|^2 \right) d\sigma ;$$

∂G is supposed a Jordan closed curve formed by $C^{1+\lambda}$ arcs meeting at no cusps. This result permits the explicit construction of a sequence of polynomials [via the "least squares method" in $H_1(\partial G)$] which converges uniformly in $\bar{G}$ to a given harmonic function, whose boundary values belong to $H_1(\partial G)$.

We shall not discuss in this paper the method for estimating the approximation error relative to the methods which have been surveyed. We refer for such kind of results to the bibliography quoted in the Monograph [38].

Extension of the completeness theorems to the biharmonic equations were obtained in [39], [40],[41],[48] and to the system of elasticity in [42], [43]. Similar results for the heat equation are contained in the papers [44], [45]. For general 2nd order elliptic equations see [31], [46], [47].

R E F E R E N C E S

[1] K.I.WEIERSTRASS, Ueber die analytische Darstellbarkeit sogenannter Funktionen reeller Argumente, Sitzungsb.der K. Preuss Akad.der Wiss.zu Berlin,1885,633-639 and 789-805.

[2] C.RUNGE, Zur Theorie der eindeutigen analytischen Funktionen, Acta Math. 6,1885,228-244.

[3] E.HILB & O.SZASZ, Allgemeine Reihenentwicklungen, Enzykl.der Math.Wess., 98,124,1129-1276.

[4] J.L.WALSH, On the expansion of analytic functions in series of polynomials, Trans.Amer.Math.Soc.,26,1924,155-170.

[5] J.L.WALSH, Ueber die Entwicklung einer analytischen Funktion nach Polynomen, Math.Ann.96, 1926, 430-436.

[6] J.L.WALSH, Ueber die Entwicklung einer Funktion einer komplexen Varänderlichen nach Polynomen, Math.Ann.96,1926,437-450.

[7] F.HARTOGS, Ueber die Grenzfunktionen beschränkter Folgen von analytischen Funktionen, Math.Ann.98,1927,164-178.

[8] F.HARTOGS & A.ROSENTHAL, Ueber Folgen analytischer Funktionen, Math.Ann.100,1928,212-263. and 104, 1931, 606-610.

[9] M.LAVRENTIEV, On conformal mapping, Proc.Phys.Math.Instit. Steklov (Math.Sect.) 5,1934,159-245 (in Russian).

[10] M.LAVRENTIEV, Sur les Fonctions d'une Variable Complexe Représentable par des Séries de Polynomes, Hermann et Cie, Paris, 1936.

[11] O.J.FORREL, On approximation to a mapping function by polynomials, Amer.J.Math.54, 1932, 571-578.

[12] M.V.KELDYSH, Sur l'approximation des fonctions analytiques dans des domaines fermés, Mat.Sbornik N.S. 8, 50, 1940, 137-148.

[13] M.V.KELDYSH, Sur la représentation par des series de polynomes des fonctions d'une variable complexe dans de domaines fermés, Mat.Sbornik N.S.16,58, 1945, 249-258.

[14] S.N.MERGELYAN, On the representation by a series of polynomials on closed sets, Dokl.Akad.Nauk SSSR N.N.77,1951 , 565-568,(in Russian); Amer.Math.Soc.Transl.N.3,1962, 287-293.

[15] S.N.MERGELYAN, Uniform approximation to a function of a complex variable, Uspekhi Mat. Nauk N.S.7,N.2,1952,31-122 (in Russian); Amer.Math.Soc.Transl.N.3,1962,294-391.

[16] J.L.WALSH, Interpolation and approximation by rational function in the complex domain, Amer.Math.Soc.Colloquium Publ. XX,New York, 1935.

[17] G.FICHERA, Approssimazione uniforme delle funzioni olomorfe mediante funzioni razionali aventi poli semplici prefissati, I,II, Rend.Accad.Naz.Lincei 8,27,1959,193-201 and 317-323.

[18] G.FICHERA, Sull'approssimazione uniforme delle funzioni olomorfe con funzioni razionali aventi i poli prefissati, Rend. Accad.Naz.Lincei 8,30,1961,347-350.

[19] G.FICHERA, Approximation of analytic functions by rational functions with prescribed poles, Comm.on Pure and Appl.Math. 23, 1970, 359-370.

[20] G.FICHERA, Uniform approximation of continuous functions by rational functions, Ann.di Matem.pura e appl.IV, 84, 1970, 375-386.

[21] S.BERGMAN, The kernel function and conformal mapping, Amer. Math.Soc.Mathem.Surveys V, New York,1950.

[22] K.HOFFMAN, Banach spaces of analytic functions, Prentice-Hall, Englewood Cliffs N.J.,1962.

[23] P.PORCELLI, Linear spaces of analytic functions, Rand McNally & Co., Chicago, 1966.

[24] M.NICOLESCU, Les fonctions polyharmoniques, Hermann et Cie., Paris, 1936.

[25] M.PICONE, Sulla convergenza delle successioni di funzioni iperarmoniche, Bull.Mathem.Soc.Roumaine des Sci.37, 1936, 105-112.

[26] P.LAX, A stability theory of abstract differential equations and its applications to the study of local behaviors of solutions of elliptic equations, Comm.on Pure and Appl.Math. 8, 1956, 747-766.

[27] B.MALGRANGE, Existence et approximation des solutions des équations aux derivées partielles et des équations de convolution, Ann.Inst.Fourier 6, 1956, 271-355.

[28] F.E.BROWDER, Approximation by solutions of partial differential equations, Amer.J.of Mathem.84,1962, 134-160.

[29] M.PICONE, Appunti di Analisi superiore, Rondinella,Napoli,1940.

[30] L.AMERIO, Sull'integrazione dell'equazione in un dominio di connessione qualsiasi, Rend.Ist.Lombardo 78, 1944-45, 1-24.

[31] L.AMERIO, Sul calcolo delle soluzioni dei problemi al contorno per le equazioni lineari del secondo ordine di tipo ellittico, Amer.J.Math.69,1947,447-489.

[32] G.FICHERA, Teoremi di completezza sulla frontiera di un dominio per taluni sistemi di funzioni, Ann.di Matem.pura e appl.IV,27,1948,1-28.

[33] N.M.GÜNTER, Die Potentialtheorie und ihre Anwendung auf Grundaufgaben der Mathematischen Physik, B.G.Teubner,Leipzig, 1957.

[34] C.MIRANDA, Sull'approssimazione delle funzioni armoniche in tre variabili, Rend.Acc.Naz.Lincei 8,5, 1948, 530-534.

[35] G.FICHERA, Applicazione della teoria del potenziale di superficie ad alcuni problemi di analisi funzionale lineare,Giorn. di Matem.di Battaglini IV,78,1948-49, 71-80.

[36] M.P.COLAUTTI, Sul problema di Neumann per l'equazione

$\Delta_2 u - \lambda c u = f$ in un dominio piano a contorno angoloso, Mem.Acc. Sci.Torino 3,4,1959, 1-83.

[37] M.P.COLAUTTI, Teoremi di completezza in spazi hilbertiani connessi con l'equazione di Laplace in due variabili, Rend. Sem.Matem.di Padova,31,1961, 114-164.

[38] G.FICHERA, Numerical and quantitative analysis, Pitman, London, 1978.

[39] G.FICHERA, Teoremi di completezza connessi all'integrazione dell'equazione $\Delta_4 u = f$, Giorn.di Matem.di Battaglini 77, 1947-48, 184-199.

[40] C.MIRANDA, Formole di maggiorazione e teorema di esistenza per le funzioni biarmoniche in due variabili, Giorn.di Mat. di Battaglini 78, 1948-49, 97-118.

[41] R.B.ANCORA, Problemi analitici connessi alla teoria della piastra elastica appoggiata, Rend.Sem.Matem.di Padova,20, 1951, 99-134.

[42] G.FICHERA, Sui problemi analitici della elasticità piana, Rend.Sem.Matem.Cagliari 18, 1948, 1-22.

[43] G.FICHERA, Sull'esistenza e dul calcolo delle soluzioni dei problemi al contorno relativi all'equilibrio di un corpo elastico, Ann.Scuola Norm.Sup.Pisa, 4, 1950, 35-99.

[44] E.MAGENES, Sull'equazione del calore: teoremi di unicità e teoremi di completezza connessi col metodo di integrazione di M.Picone , I,II, Rend.Sem.Matem.Padova 21, 1952, 94-123 and 136-170.

[45] E.MAGENES, Aggiunta alle Note "Sull'equazione del calore; teoremi di unicità,etc. Mimeographed Note, Ist.Mat.Padova,1953.

[46] G.FICHERA, Alcuni recenti sviluppi della teoria dei problemi al contorno per le equazioni alle derivate parziali lineari, Convegno Intern.Equaz.Lin.Der.Parz.Trieste 1954, Ed.Cremonese 1955, 174-227.

[47] C.MIRANDA, Partial differential equations of elliptic type, 2nd.ed. Springer, Berlin-Heidelberg , 1970.

[48] G.FICHERA, On some general integration methods employed in connection with linear differential equation, J.of Mathem. and Phys.29,1950,59-68.

Über frühe historische Entwicklungsrichtungen in der Numerischen Mathematik

Helmut Heinrich

Die Gelegenheit einer Tagung, die zu Ehren eines Mannes veranstaltet wird, der das Gesicht der Numerischen Mathematik unserer Zeit in einzigartiger und entscheidender Weise mitgeprägt hat, legt den Gedanken nahe, auch einmal der

Geschichte der Numerischen Mathematik

nachzugehen. Im Rahmen eines einzelnen Vortrages sind einem solchen Vorhaben enge Grenzen gesetzt. Mann kann sich auf den Standpunkt stellen, daß von Numerischer Mathematik erst in der Neuzeit die Rede sein kann. Das im Jahre 1977 erschienene Buch "A History of Numerical Analysis" von H.H, GOLDSTINE [1] vertritt seiner Konzeption nach diesen Standpunkt und beginnt seine Darstellung mit der für das numerische Rechnen so bedeutsamen Erfindung der Logarithmen im 16. Jahrhundert, um dann die weitere Entwicklung in Epochen einzuteilen, die durch Namen wie NEWTON, EULER und LAGRANGE, LAPLACE, LEGENDRE und GAUSS und weitere, die im 19.Jahrhundert in den Vordergrund getreten sind, gekennzeichnet werden können. Angesichts dessen, daß 1) diese Darstellung existiert, 2) über die wesentlichen Beiträge zur Entwicklung der Numerischen Mathematik, die wir speziell CARL FRIEDRICH GAUSS verdanken, seit dessen 200stem Geburtstag im Jahre 1977 zusammenfassende Darstellungen vorliegen (z.B. SCHABACK [2], H. HEINRICH [3]), 3) wir durch die Würdigung des Schaffens von Herrn COLLATZ Wesentliches aus der gegenwärtigen Epoche der Numerischen Mathematik erfahren haben und uns 4) die noch kommenden Vorträge mitten in das aktuelle Geschehen hineinstellen, habe ich mich entschlossen, den anderen möglichen Weg zu gehen und die Spuren der Numerischen Mathematik bis zu ihrem Ursprung in fernster Vergangenheit zu verfolgen. Das kann von mir aus nur in der Weise geschehen, daß ich versuche, bekannte Fakten aus der Geschichte der Mathematik in das Blickfeld der Numerischen Mathematik zu rücken, und kann in der Kürze der Zeit nur bis zu einem Punkte führen, der noch in der Frühzeit der Numerischen Mathematik liegt. Ich stütze mich dabei vielfach auf das Buch

Geschichte der Mathematik im Mittelalter
des sowjetischen Mathematikhistorikers und Mitglieds der Leopoldina A.P. JUSCHKEWITSCH [4] , weil es im Gegensatz zu anderen Darstellungen die Belange der Numerischen Mathematik in beispielhafter Weise berücksichtigt.

Ich gehe von der Auffassung aus, daß der
Ursprung der Numerischen Mathematik
zugleich eine der beiden Quellen ist, aus denen die Mathematik insgesamt entstanden ist. Ist die eine Quelle der Mathematik ein schon auf sehr früher Entwicklungsstufe der menschlichen Kultur erkennbarer Sinn für Formen und räumliche Anordnungen wie Symmetrien und dgl., so ist die andere Quelle, von der hier vorzugsweise die Rede sein wird, das ebenfalls schon sehr früh einsetzende Bestreben des Menschen, in die ihn umgebende Welt der Erscheinungen, sei es der Natur, sei es der sich allmählich bildenden Gesellschaft, dadurch eine übersehbare und beherrschbare Ordnung hineinzubringen, daß er die Dinge seiner Umwelt einer Bewertung zugänglich und damit quantitativ vergleichbar macht. Das beginnt mit dem Zählen der Dinge und führt über das Entstehen erster Zahlvorstellungen, die verschiedensten Möglichkeiten der Zahlendarstellung und die Bildung von Zahlwörtern zu den Anfängen des Messens und Rechnens und damit zu der Fähigkeit, auf Fragen, die anders nur sehr unbestimmt beantwortet werden könnten, eine sichere und jederzeit reproduzierbare Antwort in Form einer zahlenmäßigen Aussage zu geben. Schon die ersten Anfänge dieses Entwicklungsprozesses sind eine notwendige Voraussetzung dafür gewesen, daß sich eine *Wissenschaft* Mathematik herausbilden konnte. Negativ ausgedrückt: ohne das auf dem Boden rein praktischer Bedürfnisse gewachsene Fundament einer primitiven Arithmetik hätte das großartige Gebäude, das heute die Wissenschaft Mathematik darstellt, nicht errichtet werden können.

Wir pflegen die Geburtsstunde der W i s s e n s c h a f t Mathematik in das 6. Jahrhundert v.u.Z. fallen zu lassen. Durch die damals von den Griechen eingeleitete Entwicklung, die bis zu ihrem vorläufigen Abschluß in den *Elementen* des EUKLEIDES (- 365? bis - 300?) reicht, hat das, was bis dahin an Mathematik greifbar war, ein neues, eben ein "wissenschaftliches" Gesicht bekommen. Sie hat seitdem das Doppelgesicht, über das J.v.NEUMANN einmal gesagt hat [5]:

> "Es gibt eine besondere Duplizität in der Natur der Mathematik. Man hat diese Duplizität als etwas Reales anzuerkennen, sie zu akzeptieren und in das Nachdenken über sie einzuordnen. Dieses Doppelgesicht ist das Gesicht der Mathematik, und ich glaube nicht, daß eine vereinfachte einheitliche Betrachtungsweise ohne Verzicht auf das Wesentliche möglich ist."

Nach meiner Überzeugung trifft diese Bemerkung auf kein Teilgebiet der Mathematik mehr zu als auf die Numerische Mathematik. Wie in ihren Anfängen, der angedeuteten Vorstufe der Arithmetik, hat sie auch heute noch die Aufgabe, für die zahllosen Probleme, deren Lösung die Angabe zahlenmäßiger Resultate verlangt, Methoden bereitzustellen, mit denen man eben diese Ergebnisse zuverlässig gewinnen kann. D i e s e s Gesicht der Numerischen Mathematik hat seinen Blick auf die "Außenwelt", auf die außermathematischen Objektbereiche hin gerichtet. In dieser Hinsicht gibt es zwischen der Gegenwart und der Vergangenheit, auch der fernsten, keinen prinzipiellen, sondern nur einen - durch die gewachsene Kompliziertheit der Außenwelt allerdings sehr erheblich gewordenen - graduellen Unterschied. Das a n d e r e Gesicht hat seinen Blick nach "innen", auf die innermathematischen Belange hin gerichtet, nämlich auf die Frage nach den wissenschaftlichen Ansprüchen, die an die Verfahren der Numerischen Mathematik zu stellen sind, und nach ihrer Befriedigung mit den Hilfsmitteln der Mathematik. Was die Numerische Mathematik der Gegenwart und der Vergangenheit ausmacht, ist das Zusammenwirken b e i d e r Aspekte in einem in hohem Grade wechselseitigen Prozeß.

Anläßlich des 200sten Geburtstages von CARL FRIEDRICH GAUSS (1777 bis 1855), der dieser Auffassung - ebenso wie über 2000 Jahre vor ihm ARCHIMEDES (-287? bis - 212) - in vollendeter Weise entsprochen hat, habe ich in meinem bereits erwähnten Vortrag [3] versucht, eine Reihe solcher Ansprüche, die wir an die Verfahren der Numerischen Mathematik stellen, zu formulieren. Ich will heute auf diese Zusammenstellung zurückgreifen, um damit die Gesichtspunkte herauszustellen, die für die anschließenden historischen Betrachtungen in etwa maßgebend sein sollen. In etwas modifizierter Form sind es die folgenden:

1) Die Verfahren sollen möglichst ökonomisch arbeiten.
2) Sie sind den jeweils geeignetsten verfügbaren Rechenhilfs-

mitteln anzupassen; gegebenenfalls sind neue geeignete Rechenhilfsmittel zu schaffen.

3) Das anzuwendende Verfahren soll in einer algorithmischen Form dargestellt werden, das den durchzuführenden Rechenvorgang möglichst unmittelbar widerspiegelt.

4) Die Grenzen, innerhalb deren ein Verfahren durchführbar ist, müssen bekannt sein und beachtet werden.

5) Sofern die Verfahren Näherungsverfahren sind, sollen sie das Ergebnis, mit einer dem Problem angepaßten, d.h. weder übertriebenen noch zu geringen Genauigkeit liefern.

6) Die mit ihnen erreichbare bzw. erreichte Genauigkeit soll zuverlässig und in möglichst engen Grenzen abschätzbar sein.

7) Wünschenswert ist, daß die Verfahren numerisch stabil sind.

8) Die Verfahren sollen schließlich auf möglichst umfassende Klassen von Aufgaben anwendbar sein.

Diese Ansprüche sind sicher nicht voneinander unabhängig, sondern eng miteinander verflochten. Man wird auch nicht behaupten können, daß sie in der Gegenwart schon in jedem Falle alle gleichzeitig befriedigt werden. Vielleicht wirken sie sogar in gewissem Sinne gegeneinander. Dies würde die Frage nach Verfahren aufwerfen, die nach bestimmten, aus den verschiedenen Ansprüchen hergeleiteten Kriterien optimal sind. Dies soll jedoch hier nicht zur Diskussion stehen. Im Hintergrund der folgenden Ausführungen soll vielmehr, ohne daß immer wieder explizit auf sie hingewiesen wird, die Frage stehen, wo, wann und in welchem Zusammenhang Andeutungen von Ansprüchen der genannten Art und Ansätze zu ihrer Befriedigung bereits in der frühen Vergangenheit erkennbar sind.

Ich muß dazu sehr weit ausholen. Unsere Kenntnisse über die ersten Anfänge des Rechnens beziehen sich
zeitlich auf den Beginn der historischen Periode der Menschheit, d.h. auf das dritte bis erste Jahrtausend v.u.Z.,
geographisch auf die Landschaften der großen Ströme Nil, Euphrat und Tigris, Indus und Hoangho mit den durch sie bedingten klimatischen Verhältnissen,
ethnographisch also auf die Ägypter, die Sumerer und Altbabylonier, die Inder und die Chinesen.

Es ist sicher kein Zufall, sondern in gewissen gemeinschaftlichen Zügen der genannten Landschaften begründet, daß die Entwicklung in ihnen zu ähnlichen gesellschaftlichen Strukturen mit ähnlichen sozialen und ökonomischen Bedürfnissen und somit zu ähnlichen damit zusammenhängenden Problemen geführt hat und auf dieser Grundlage verwandte Ideen zur Bewältigung dieser Probleme aufgekommen sind. In allen diesen Kulturen findet sich das Bemühen, den für Landwirtschaft und Seefahrt so entscheidenden periodischen Wechsel der Himmels- und Witterungserscheinungen zu erfassen, im Zusammenhang damit einen Kalender aufzustellen, Felder immer wieder neu zu vermessen, Umfang und Flächeninhalt gerad- oder kreislinig berandeter Flächenstücke zu berechnen, den Rauminhalt von Körpern aus ihren äußeren Abmessungen zu bestimmen, den Bedarf an Arbeitskräften und Material zu Bauvorhaben zu ermitteln, für Handelszwecke Waren mengen- und wertmäßig zu vergleichen und vieles andere mehr. Dies hat bei jedem der genannten Völker, sobald überhaupt Möglichkeiten für eine "schriftliche" Kommunikation bestanden haben, zur Darlegung von Rechenanweisungen geführt. Was dabei die Hilfsmittel und Methoden angeht, die zur Lösung der anfallenden Probleme ersonnen worden sind, so lassen sich trotz weitgehender prinzipieller Übereinstimmung in der *Problemstellung* bei den verschiedenen Völkern genügend starke Unterschiede feststellen, um die Annahme zu rechtfertigen, daß sich die Entwicklung bei Ihnen, wenigstens in den Anfängen, getrennt vollzogen hat.

Die Unterschiede betreffen naturgemäß nicht die im Wesen der Zahl begründeten arithmetischen Grundoperationen, die auch heute noch das numerische Rechnen beherrschen, wohl aber die Rechen*technik*, wenn wir darunter ganz allgemein die Art und Weise verstehen, wie diese Operationen durchgeführt werden. Denn diese ist in sehr hohem Maße an die Art der Zahlendarstellung und die dabei eingesetzten "technischen" Hilfsmittel gebunden. Dies geht mit aller wünschenswerten Deutlichkeit aus den ältesten uns bekannt gewordenen Schriftdenkmälern hervor, die Hinweise auf Rechenvorgänge und Rechenhilfsmittel enthalten.

Von Papyrus- und Lederrollen, die bis zu 4000 Jahre alt sind, wissen wir, daß die *Ägypter* des Altertums auf der Grundzahl *Zehn* aufbauend eine für das numerische Rechnen wenig geeignete additive Zahlenschreibweise - ähnlich der späteren römischen - benutzt, daß sie eine eigenartige, ziemlich schwerfällige Bruchrechnung geschaffen und sich beim praktischen Rechnen gewisser vorbereiteter Hilfstafeln bedient haben.

In Mesopotamien haben bereits die *Sumerer*, deren kulturelle Blütezeit etwa im dritten Jahrtausend v.u.Z. gelegen hat und denen man die Erfindung der Keilschrift zuschreibt, aus einem ursprünglichen Zehnersystem durch Bündelung eine sexagesimale Zahlenschreibweise entwickelt, die schon die Keime für ein Stellenwertsystem in sich getragen hat. Die ihnen folgenden *Altbabylonier* haben dieses Positionssystem bis hin zu Sexagesimalbrüchen und bis zur Einführung eines inneren Lückenzeichens, einer Vorstufe unserer Null, vervollkommnet. Bei der Durchführung ihrer Rechnungen haben sie in weitem Umfang Hilfstafeln benutzt: Tafeln des Einmaleins bis 60 mal 60, Multiplikationstafeln, Reziprokentafeln zur Vereinfachung der Division, Tafeln der Quadrat- und Kubikzahlen usf.

Bei den *Chinesen* können wir, da im Jahre 213 v.u.Z. auf Anordnung des damaligen Kaisers eine Bücherverbrennung (!) stattgefunden hat, nur aus vereinzelten Hinweisen, dann aber aus dem auf das zweite Jahrhundert v.u.Z. zurückgehenden Leitfaden [6] *Chiu Chang Suan Shu* (d.h. "Neun Bücher arithmetischer Technik") Rückschlüsse auf das damals vorhandene, bereits beachtliche Niveau mathematischer Bildung ziehen. Auch in China wird die Zahl *Zehn* als Grundzahl benutzt. Mindestens vom vierten Jahrhundert v.u.Z. an werden beim Rechnen Ziffernstäbchen verwendet und wird die Zahlendarstellung dieser Rechentechnik angepaßt. Dieses System weist deutliche Anzeichen eines Stellenwertsystems auf, indem die Stäbchen auf einem Rechenbrett in verschiedenen Spalten angeordnet werden, die der Reihe nach den einzelnen Dezimalstellen zugewiesen sind. Zu der Einführung einer Null hat diese Methode noch keine Veranlassung gegeben, da sich bei ihr die nicht besetzten Stellen von selbst bemerkbar machen und keiner besonderen Kennzeichnung bedürfen.

Auch in der indischen Mathematik der Jahrhunderte v.u.Z. ist bis auf die sogenannten Schnurregeln, deren Entstehungszeit unklar ist, aber nicht später als im 7. bis 5. Jahrhundert v.u.Z. liegt, wenig bekannt. Jedoch verraten auch diese schon beachtenswerte, insbesondere geometrische, Kenntnisse. Ihre wichtigsten Beiträge haben die *Inder* - es sei hier an Namen wie ARYABHATA (geb.476 u.Z.) und BRAHMAGUPTA (geb. 598 u.Z.) erinnert - erst im ersten Jahrtausend u.Z. geliefert, in einer Zeit also, in der fremde, insbesondere griechische Einflüsse nicht mehr ausgeschlossen werden können. Wenn sie trotzdem an dieser Stelle und noch vor den Griechen angeführt werden, so deshalb, weil bei ihnen wie bei den Chinesen die rechentechnische Bewältigung ihrer immer komplizierter werdenden algebraischen Probleme vor der von den Griechen in den Vordergrund gestellten theoretischen Durchdringung den Vorrang hatte.

Zum Abschluß dieses ersten Teils meiner Ausführungen muß ich aber noch auf die Griechen des Altertums zurückkommen. Was das praktische Rechnen angeht, das natürlich auch in ihrem täglichen Leben eine wichtige Rolle gespielt hat, so haben sie selbst sich gern - man vergleiche dazu z.B. HERODOT, Buch II, Kap. 109 - auf die Ägypter berufen, obwohl der Einfluß der Babylonier auf die Dauer zweifellos stärker gewesen ist. O. NEUGEBAUER, dem wir tiefreichende Kenntnisse über die antike Mathematik verdanken, schreibt 1930 in einem Aufsatz "Zur geometrischen Algebra" [7]:

> "Sowohl im Bereich der Elementargeometrie, wie im Bereich der elementaren Proportionslehre, wie im Bereich der Gleichungslehre liegt in der babylonischen Mathematik das gesamte i n h a l t l i c h e Material geschlossen vor, auf dem die griechische Mathematik aufbaut. Der Anschluß ist in allen Punkten praktisch lückenlos herzustellen."

H.WUSSING, dessen Aufsatz "Zur Grundlagenkrisis der griechischen Mathematik" [8] ich dieses Zitat entnommen habe, ergänzt diese Aussage noch durch den Hinweis, daß sich die Übereinstimmung nicht nur auf die Aufgabentypen, sondern sogar auf die Zahlenkoeffizienten in den einzelnen Beispielen bezieht.

Die Griechen waren jedoch offenbar wenig daran interessiert, die Rechentechnik zu vervollkommnen. Noch ARCHIMEDES und sogar noch 400 Jahre später der Astronom PTOLEMAIOS (85? bis 165? u.Z.) haben sich beispielsweise der für numerische Zwecke ziemlich ungeeigneten Art, die Zahlen durch Buchstaben des griechischen Alphabets zu bezeichnen, bedient. Was die Griechen fasziniert hat, war die geometrische Algebra, die sie bei den Babyloniern vorgefunden haben. Durch sie sind sie zum Nachdenken über die in mannigfachen Relationen zutage getretenen inneren Zusammenhänge zwischen der Geometrie und der Arithmetik angeregt worden. Ihre Neigung zu philosophischen Spekulationen hat sie dann dazu verleitet, die Einheit von Arithmetik und Geometrie zu *postulieren* und diese Vorstellung in den Rang einer Ideologie zu erheben. Daß diese sich, weil die Arithmetik damals nur die natürlichen Zahlen und ihre Verhältnisse kannte, in dem Augenblick als falsch (von uns aus rückwärts gesehen wenigstens als voreilig) erweisen mußte, als HIPPASOS von Milet um 450 v.u.Z. die Existenz inkommensurabler Spreckenpaare und damit die Existenz algebraischer Probleme nachwies, die zwar geometrisch, aber nicht arithmetisch lösbar waren, hatte für die Entwicklung der Mathematik die Bedeutung einer segensreichen ideologischen Katastrophe, deren Überwindung durch THEAITETOS (-410? bis -368?)und vor allem durch EUDOXOS (-408? bis -355?) von allergrößter Tragweite war. In welcher Hinsicht die Numerische Mathematik durch diesen Prozeß berührt worden ist, wird noch zur Sprache kommen,

Im zweiten Teil meines Vortrages will ich, in notwendig sehr beschränkter Auswahl, auf einige spezielle Verfahrensweisen der Numerischen Mathematik, die ihren Ursprung in einer sehr frühen Vergangenheit haben, und auf die ihnen zugrunde liegenden Prinzipien zu sprechen kommen.

Ich habe eingangs die Rechenanweisungen erwähnt, die in den uns überlieferten alten Texten enthalten sind. In vielen Darstellungen der Geschichte der Mathematik werden sie mit einem nicht zu überhörenden geringschätzigen Unterton als Rezepte bezeichnet, die kaum etwas mit Mathematik zu tun haben. Rechenanweisungen zu befolgen und nach ihnen zu rechnen ist aber etwas anderes als sie zu ersinnen. Das Aufstellen von Rechenanweisungen setzt doch wohl bereits ein Denken in Relationen voraus, wie es für die Mathematik charakteristisch ist. Ich werde daher im folgenden, sofern es sich um Rechenanweisungen handelt, die den Rechenvorgang eindeutig festlegen, bereits von Algorithmen sprechen. Daß in den Rechenanweisungen mit konkreten, zahlenmäßig festgelegten Beispielen gearbeitet wird, ist kein Gegenargument; denn offensichtlich wird bei ihnen stillschweigend vorausgesetzt, daß der Rechner-der wohl stets eine dafür ausgebildete Person ist-in der

Lage ist, sie auf andere gleichartige Fälle mit anderen Zahlenwerten zu übertragen. Ist dem so, so wird mit e i n e r Aufgabe bereits eine ganze, wenn auch vielleicht noch enge Klasse von Aufgaben beherrscht, und der Begriff der variablen Größe ist damit, ohne daß er allerdings systematisch erfaßt oder gar beim Namen genannt wird, vorgedacht. Mehr noch: bei den Ägyptern findet sich erstmals eine eigene, unserem allmächtigen x vergleichbare Hieroglyphe für die Unbekannte einer Aufgabe vor, die an keine konkrete Bedeutung gebunden ist. Durch dieses Fehlen einer bestimmten materiellen Interpretation erhalten die zugehörigen Aufgaben einen abstrakteren, mehr theoretischen Charakter. Dahinter verbirgt sich bereits das Prinzip der Multivalenz der mathematischen Hilfsmittel und Methoden, das die Grundlage bildet für die Vielfalt der Möglichkeiten, ein und dieselbe Mathematik auf verschiedene außermathematische Objektbereiche anzuwenden.

Die Ägypter sind kaum über die Behandlung einfachster linearer Aufgaben vorgedrungen. Sie haben sie mit der sogenannten

Methode des falschen Ansatzes

gelöst, mit der wir im Grunde heute noch bei jedem Iterationsverfahren arbeiten, wenn wir es mit einem irgendwie gefundenen Startwert beginnen. Wir begegnen dieser Methode auch bei den Chinesen, hier sogar in der Form des doppelten falschen Ansatzes, bei dem, wie dies auch bei unserer regula falsi geschieht, von *zwei* falschen Werten ausgegangen wird, von denen der eine einen positiven, der andere einen negativen Defekt liefert. Spätestens im 9. Jh.u.Z. kennen auch die Inder wenigstens den einfachen falschen Ansatz und wenden ihn auf lineare Gleichungen an, die wir heute in der Form

$$ax + b = c$$

schreiben. Möglicherweise haben sie ihn von den Chinesen übernommen. Eine ausführliche literarische Behandlung hat die Methode durch die islamischen Mathematiker gefunden, denen wir die Verschmelzung der bei den verschiedenen Völkern des Altertums vorhandenen mathematischen Kenntnisse zu einem einheitlichen Ganzen verdanken. Es existiert dazu die lateinische Übersetzung einer arabischen Handschrift, genannt das

Buch über die Vergrößerung und Verminderung

deren Verfasser und Entstehungszeit leider unbekannt sind. Man vermutet, daß die Methode des falschen Ansatzes schon dem bedeutenden islamischen Mathematiker AL-HWÂRAZMÎ (~780 - ~850) bekannt gewesen ist, der der berühmten Schule von Baghdad angehört hat, dem wir umfassende Darstellungen der Mathematik seiner Zeit verdanken und dessen Name sich, latinisiert und verstümmelt, hinter dem Wort *Algorithmus* verbirgt. Die besagte Handschrift enthält bereits eine teils geometrische, teils algebraische Herleitung des uns in der Gestalt der Formel

$$x = \frac{f_1 x_2 - f_2 x_1}{f_1 - f_2}$$

geläufigen Algorithmus der regula falsi, allerdings nur für den Fall der linearen Gleichung $f(x) = 0$, in dem sie die exakte Lösung liefert. Die Anwendung dieses Algorithmus auf nichtlineare Gleichungen $f(x) = 0$ findet sich wohl erstmals in Europa bei LEONARDO von Pisa, gen. FIBONACCI (1170? - 1250?) in seinem bedeutsamen

liber abaci,

den er im Jahre 1202 und in überarbeiteter Fassung 1228 herausgebracht hat.

Ich muß noch etwas bei den linearen Aufgaben verweilen. Ich greife dazu auf das schon erwähnte altchinesische Mathematikwerk "Neun Bücher arithmetischer Technik" [6] zurück, weil sich dort erstmals eine sehr allgemeine, rein algorithmische Vorgehensweise zur numerischen Lösung linearer Gleichungssysteme findet, die unser besonderes Interesse beanspruchen kann, weil sie ihrem Wesen nach dem Eliminationsverfahren entspricht, das kein Geringerer als GAUSS für die Zwecke seiner astronomischen Ausgleichsrechnungen im Jahre 1810 neu ersonnen hat [9] (vgl.dazu [3],S.118), und die Art ihrer Darstellung mit unserer heutigen Matrizenschreibweise aufs engste verwandt ist.

Über die von der frühen HAN-Zeit (etwa -206 bis +24) bis in die Gegenwart reichende Geschichte der *Chiu Chang Suan Shu* kann man sich an Hand der von K. VOGEL besorgten und kommentierten deutschen Übersetzung [6] aus dem Jahre 1968 informieren. Sehr ausführlich behandelt werden darüber hinaus die altchinesischen Beiträge zur Numerischen Mathematik in dem bereits eingangs erwähnten Buch [4] von A.P. JUSCHKEWITSCH.

Der Name

fang cheng

des chinesischen Algorithmus zur numerischen Lösung linearer Gleichungssysteme bedeutet auf deutsch:"rechteckiges Schema" und könnte also gut und gern mit "Matrix" übersetzt werden. Er wird an Hand von 18 konkreten Aufgaben gelehrt. Das erste Beispiel, auf das die weiteren in lakonischer Kürze zurückgreifen, betrifft in unserer heutigen Schreibweise das lineare Gleichungssystem

$$\begin{aligned} 3x + 2y + z &= 39 \\ 2x + 3y + z &= 34 \\ x + 2y + 2z &= 26. \end{aligned}$$

Die Chinesen stellen es durch das auf einem Rechenbrett mit Ziffernstäbchen leicht fixierbare Rechteckschema

$$\begin{array}{ccc} 1 & 2 & 3 \\ 2 & 3 & 2 \\ 2 & 1 & 1 \\ 26 & 34 & 39 \end{array}$$

dar, in dem jeder "Gleichung" eine Spalte, jeder Unbekannten und der "rechten Seite" eine Zeile zugewiesen ist. Für die Darstellung des durch die Aufgabe gegebenen Sachverhalts ist dies die denkbar abstrakteste Form, bei der sogar besondere Bezeichnungen für die Variablen ersetzt werden durch die wohlbestimmten Plätze, die man ihren Koeffizienten in dem Schema zuweist.

Der Anweisung zur Aufstellung des Schemas an Hand des Aufgabentextes folgt die Lösungsanweisung. Sie zeigt, daß das Schema während des Rechenvorgangs die Rolle eines Speichers spielt, dessen Plätze gemäß der gegebenen Vorschrift nacheinander mit neuen Zahlen belegt werden. Der Rechner erhält nacheinander die folgenden Matrizen, wobei bei jedem Schritt immer nur die *kursiv* eingetragenen Zahlen eine Veränderung erfahren:

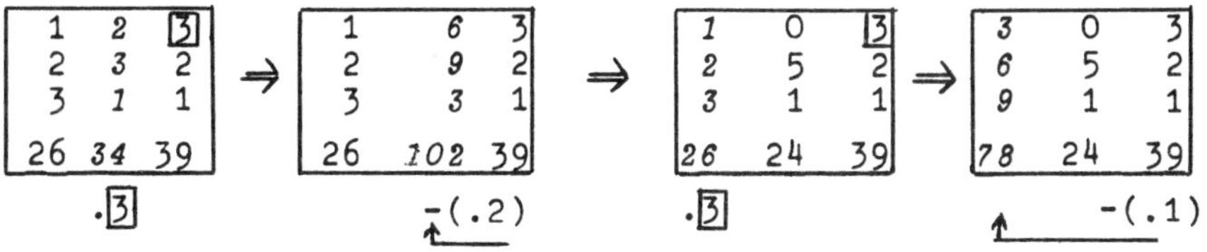

$$\underset{\cdot\boxed{3}}{\boxed{\begin{array}{ccc} 1 & \mathit{2} & \boxed{3} \\ 2 & \mathit{3} & 2 \\ 3 & \mathit{1} & 1 \\ 26 & \mathit{34} & 39 \end{array}}} \Rightarrow \underset{\leftarrow -(.2)}{\boxed{\begin{array}{ccc} 1 & \mathit{6} & 3 \\ 2 & \mathit{9} & 2 \\ 3 & \mathit{3} & 1 \\ 26 & \mathit{102} & 39 \end{array}}} \Rightarrow \underset{\cdot\boxed{3}}{\boxed{\begin{array}{ccc} \mathit{1} & 0 & \boxed{3} \\ \mathit{2} & 5 & 2 \\ \mathit{3} & 1 & 1 \\ \mathit{26} & 24 & 39 \end{array}}} \Rightarrow \underset{\leftarrow -(.1)}{\boxed{\begin{array}{ccc} \mathit{3} & 0 & 3 \\ \mathit{6} & 5 & 2 \\ \mathit{9} & 1 & 1 \\ \mathit{78} & 24 & 39 \end{array}}}$$

0	0	3
4	[5]	2
8	1	1
39	24	39

[.5]

0	0	3
20	5	2
40	1	1
195	24	39

↑ -(.4)

0	0	3
0	5	2
36	1	1
99	24	39

Das weitere Verfahren entspricht der uns geläufigen Art, das zu der letzten Matrix gehörige gestaffelte Gleichungssystem zu lösen.

Besonders bemerkenswert ist der in der Rechenanweisung zu findende Hinweis darauf, daß das Nichtverschwinden der "Pivotelemente" (im Schema umrahmt) eine notwendige Voraussetzung für die Durchführbarkeit des Algorithmus ist. Das Vorführbeispiel gibt zu diesem Hinweis im Grunde keinen Anlaß.

Noch beachtlicher ist, daß bei den meisten Beispielen auch mit negativen Zahlen gearbeitet und damit die Klasse der Aufgaben, auf die die Methode angewendet werden kann, keiner diesbezüglichen Einschränkung unterworfen wird. Das betrifft nicht nur das Auftreten negativer Werte während des Rechenprozesses, sondern auch schon die Elemente der Ausgangsmatrix. Für solche Fälle wird gleich in der zweiten Auflage die Regel *cheng fu* ("Plus-Minus-Regel") bereitgestellt, die die Regeln für das Addieren und Subtrahieren positiver und/oder negativer Zahlen zusammenfaßt. Man findet solche Regeln sonst erst im 7.Jh.u.Z. bei dem Inder BRAHMAGUPTA wieder, und auch später hat sich bekanntlich der Gebrauch negativer Zahlen nur sehr zögernd, noch nicht einmal unter dem Einfluß von LEONARDO von Pisa, sondern im Grunde erst durch NICOLAS CHUQUET (gest. um 1500) und MICHAEL STIFEL (1487? - 1567) durchgesetzt.

Den geschilderten Eliminationsalgorithmus möchte ich zum Anlaß nehmen, um einen allgemeinen Gesichtspunkt zur Sprache zu bringen, der mir in der Entwicklung der Numerischen Mathematik von einiger Bedeutung zu sein scheint: die Beziehungen zwischen

Formel und Algorithmus.

Ich gehe von der Auffassung aus, daß eine mathematische Formel, die numerisch auswertbar ist, noch kein Algorithmus i s t, aber von ihrem Aufbau her einen bestimmten Algorithmus für die numerische Auswertung impliziert. Ein paar triviale Beispiele mögen erläutern, in welchem Sinne dies gemeint ist:

Schon die einfache Identität

$$(a + b)(a - b) = a^2 - b^2$$

stellt den Rechner vor die Alternative, ob er den Wert dieses Terms für gegebene Zahlenwerte a, b gemäß der linken Seite mittels einer Addition, einer Subtraktion und einer Multiplikation oder gemäß der rechten Seite mittels zwei Quadrierungen und einer Subtraktion berechnen will. Wie er sich entscheidet, wird von seinen Rechenhilfsmitteln (einschließlich seiner Fähigkeit zum Kopfrechnen) abhängen.

Ob man die Lösung der quadratischen Gleichung

$$x^2 + px + q = 0$$

in der Form

$$x_{1,2} = -(p/2) \pm \sqrt{(p/2)^2 - q}$$

oder durch die zweigliedrige Formel f o l g e

$$x_1 = -\left[p/2 + \mathrm{sgn}(p)\sqrt{(p/2)^2 - q}\right], \quad x_2 = q/x_1$$

darstellt, macht für die numerische Auswertung unter Umständen den schwerwiegenden Unterschied aus, daß man im zweiten Fall die Gefahr des Auftretens "kleiner Differenzen großer Zahlen" vermeidet.

In meiner Schulzeit wurden wir bei den trigonometrischen Rechnungen, da diese damals logarithmisch durchgeführt wurden, angehalten, den Kosinussatz wegen des häufigen Wechsels von Additionen und Multiplikationen zu vermeiden und stattdessen den Halbwinkelsatz zu verwenden. Im Gegensatz dazu gelten beim Rechnen mit MaschinenFormeln vom Typ $\Sigma a_k b_k$ als besonders geeignet, was zur Verbreitung des Matrizenkalküls sicher nicht unwesentlich beigetragen hat.

Unter diesem Gesichtspunkt betrachtet, ist der Eliminationsalgorithmus zur numerischen Lösung linearer Gleichungssysteme, da er bei den Chinesen zu einer Zeit entstanden ist, die noch keine Formelsprache gekannt hat, ein frühes und durchaus nicht mehr triviales Beispiel für einen direkten, ohne die Zwischenstation einer Formel auskommenden rein algorithmischen Weg von der Problemstellung bis zum zahlenmäßigen Endergebnis. Seit dem 18. Jahrhundert steht ihm die von CRAMER (1704 - 1752) angegebene Auflösungsformel für reguläre lineare Gleichungssysteme gegenüber, die die

Werte der Unbekannten als Quotienten von Determinanten ausdrückt und zwar von großer theoretischer Bedeutung ist, aber einen Algorithmus impliziert, der schon bei Gleichungssystemen bescheidenen Umfangs einen Rechenaufwand erfordert, der den beim Eliminationsverfahren erforderlichen um Größenordnungen übertrifft.

Wie das letzte Beispiel besonders deutlich zeigt, braucht eine "ideale" Formel noch keinen "idealen" Algorithmus zu implizieren. Das betrifft auch das Rechnen mit Polynomen. Deren Normalform

$$f(x) = a_o + a_1x + a_2x^2 + \ldots + a_nx^n$$

impliziert beispielsweise schon für die Aufgabe, ihren Wert für einen vorgegebenen Argumentwert x zu berechnen, einen Algorithmus, der wesentlich aufwendiger ist als der nach HORNER (1768 - 1837) benannte, den dieser im Jahre 1819 angegeben hat, ohne zu wissen, daß er schon 1804 RUFFINI (1765 - 1822) bekannt war, und erst recht, ohne zu wissen, daß er bereits im 13. Jahrhundert unter dem Namen *tian yuan* den Chinesen vollständig zur Verfügung gestanden hat. Sogar das Verfahren zum Ausziehen von Quadrat- und Kubikwurzeln, das in den "Neun Büchern arithmetischer Technik" gelehrt wird, zeigt von der Idee her schon deutliche Anzeichen für das Entstehen des Algorithmus; denn es benutzt, um sukzessive zu den einzelnen Dezimalstellen des gesuchten Wurzelwertes zu gelangen, deutlich das Hilfsmittel der Argumentverschiebung. Der Algorithmus tian yuan ist zwar noch über Indien bis zu den Arabern gelangt, aber offenbar in Europa nicht beachtet worden. Dort hat die Entwicklung zu Beginn der Neuzeit durch die von den Italienern FERRO (1465? - 1526), TARTAGLIA (1500? bis 1557), CARDANO (1501 - 1576) und FERRARI (1522 - 1565) entdeckte Möglichkeit, kubische und biquadratische Gleichungen durch Wurzelausdrücke zu lösen, eine andere Richtung eingeschlagen, nämlich von der von den Chinesen und Indern bevorzugten algorithmischen Linie weg zu einer formelmäßigen. (Dazu sei an dieser Stelle nur am Rande vermerkt, daß mich die Auffassung, die ich hier vertrete, daran hindert, der von J.E. HOFMANN in seiner "Geschichte der Mathematik" [1o] gewählten Formulierung zu folgen und den von den Italienern gefundenen Weg eine "algorithmische" Lösung zu nennen.) Das Suchen nach Wurzelausdrücken enthaltenden Auflösungsformeln für algebraische Gleichungen hat die abendländischen Mathematiker über Jahrhunderte hinweg in Atem gehalten und sich bis auf wenige Ausnahmen - ich nenne nur EULER (1707 - 1783), LAGRANGE (1736 - 1813) und FOURIER (1768-1830) - das Suchen nach geeigneten Algorithmen zur numerischen Lösung algebraischer Gleichungen vernachlässigen lassen, bis endlich zu Beginn des 19. Jahrhunderts NIELS HENDRIK ABEL (1802 bis 1829) den Beweis für die Unmöglichkeit, algebraische Gleichungen höheren als vierten Grades allgemein durch Radikale aufzulösen, erbracht hat. N a c h diesem Ereignis hat dann das Erarbeiten von Algorithmen in Anbetracht der stets aktuellen Wichtigkeit der Aufgabe, Polynomgleichungen numerisch zu lösen, - man denke an die aufkommenden Eigenwertprobleme - bis in die jüngste Zeit hinein immer wieder auf der Tagesordnung der Numerischen Mathematik gestanden.

Daß die einschlägigen Verfahren grundsätzlich Näherungsverfahren sind, führt mich zum letzten Teil meines Vortrages. Er soll der vielleicht wichtigsten Frage gewidmet sein, die der Numerischen Mathematik innerhalb der gesamten Mathematik einen einzigartigen Platz zuweist und für ihre Entwicklung von entscheidender Bedeutung gewesen ist: ihrer *Auseinandersetzung mit dem Kontinuum, dem Irrationalen und dem Transfiniten.*
Wer numerische Mathematik mit dem ihr zugeschriebenen Ziel betreibt,Probleme bis zu ihrer rechnerischen Bewältigung zu verfolgen, steckt unvermeidlich in einer Zwangsjacke. Denn alles Rechnen spielt sich de facto im Bereich der elementaren rationalen Rechenoperationen Addition und Subtraktion, Multiplikation und Division ab und verläuft, sowohl was die realisierbare Anzahl der Rechenoperationen, als auch, was die Zahlenwerte angeht, mit denen gerechnet wird, unweigerlich im "Endlichen" ab, wobei dieser Begriff noch durch den Zusatz "aber nicht beliebig groß" wesentlich eingeengt ist. Damit tut sich ein gewaltiger Fragenkomplex auf, der für die Numerische Mathematik in einzigartiger Weise charakteristisch ist und ihre unausweichliche Problematik darstellt.

Der Umstand, dass dieser Fragenkomplex, zu dem alles gehört, was mit Näherungswerten und Näherungsverfahren, mit Iterationsverfahren und den zugehörigen Problemen nicht nur der Konvergenz schlechthin,sondern vor allem der Konvergenzgeschwindigkeit, mit der Fehlerabschätzung, mit der numerischen Stabilität, mit Methoden der Diskretisierung und der Finitisierung, mit der Tabellierung irrationaler Funktionen usw.usw. zu tun hat, auch das aktuelle Geschehen in der Numerischen Mathematik bestimmt, erlaubt es mir, mich trotz seines riesigen Umfanges beim Verfolgen der Spuren, die in die Vergangenheit führen, relativ kurz zu fassen.

In der Rechenpraxis ist der Zwang, mit Näherungswerten und Näherungsverfahren zu arbeiten, bereits in der vorgriechischen Zeit spürbar gewesen. Dafür gibt es vor allem zwei Beispiele: bei Kreisberechnungen das Rechnen mit Näherungswerten für die Zahl π und die Operation des Ausziehens der Quadratwurzel aus einer Zahl, die keine Quadratzahl ist.

Was das erstgenannte Beispiel angeht, so ist es zwar interessant zu wissen, daß die Babylonier mit dem Näherungswert 3 für π, die Ägypter mit dem wesentlich besseren Wert $(16/9)^2 \approx 3.1605$ gerechnet haben, und die Geschichte des Fortschreitens zu immer genaueren Werten zu verfolgen. Als von grundsätzlicher und weittragender Bedeutung hat sich aber erst die Vorgehensweise von ARCHIMEDES erwiesen, der mit seiner Methode, den Kreis in zwei gegenläufige transfinite Folgen ein- und umgeschriebener Vielecke sich ständig verdoppelnder Eckenzahl einzubetten, erstmals ein s y s t e m a t i s c h e s Verfahren ersonnen und begründet hat, das realiter zwar nach wenigen Schritten abgebrochen werden muß, der Idee nach aber ad infinitum fortgesetzt werden kann, dabei immer bessere Näherungswerte für π liefert und, was von weiterer größter Bedeutung ist, in jeder Phase ein exakt angebbares Intervall ausweist, das den gesuchten, als Verhältnis des Flächeninhalts des Kreises zu dem Quadrat über seinem Halbmesser exakt definierten, aber als Zahl nicht genau fixierbaren Wert π einschließt. Es ist bemerkenswert und sicher in dem besonderen Interesse der Chinesen an numerisch-mathematischen Fragen begründet, daß sich die Methode des ARCHIMEDES rund 500 Jahre nach ihm und vermutlich unter griechischem Einfluß in leicht modifizierter Form bei dem chinesischen Mathematiker LIU HUI (3.Jh.u.Z.), dem Verfasser der ältesten erhalten gebliebenen Fassung der "Neun Bücher arithmetischer Technik" [6], wiederfindet. In Europa hat sich die Denkweise, die sich hinter dieser Methode verbirgt, erst sehr viel später bemerkbar gemacht, dann aber bei dem Aufbau der neuzeitlichen Mathematik als von außerordentlicher Tragweite erwiesen. Doch darüber braucht an dieser Stelle nichts weiter gesagt zu werden. Speziell in der Numerischen Mathematik entspricht ihr die Einsicht, daß ganz allgemein zur Vollkommenheit jedes Näherungsverfahrens gehört, daß mit ihm die Möglichkeit verbunden ist, die gesuchten Werte der Lösung eines Problems durch exakt geltende Ungleichungen in ein möglichst enges, durch berechenbare Schranken begrenztes Intervall einzuschließen.

Das zweite Beispiel für eine frühe Begegnung mit dem Irrationalen ist die Rechenoperation

$$\sqrt{a}; \quad a \neq n^2, \; n \in \mathbb{N}.$$

Im Zusammenhang mit geometrischen Aufgaben, insbesondere mit dem Satz des PYTHAGORAS, der seiner Aussage nach lange vor der griechischen Mathematik in allen alten Kulturen bekannt gewesen ist, ist es so häufig notwendig gewesen, sie durchzuführen, daß sie trotz ihrer Irrationalität bald den Charakter einer "elementaren" Rechenoperation angenommen hat. Sie hat trotzdem bis weit in unser Jahrhundert hinein - man denke hier beispielsweise auch an den frühen Beitrag von Herrn COLLATZ aus dem Jahre 1936 [11] - immer wieder zu neuen Überlegungen Anlaß gegeben, wie sie den von Zeit zu Zeit sich verändernden Rechenhilfsmitteln am besten angepaßt und immer effektiver gestaltet werden kann.

Schon die Altbabylonier haben den Weg zu dem Iterationsverfahren

$$x_{n+1} := \frac{1}{2}\left(x_n + \frac{a}{x_n}\right), \; n = 0, 1, 2, \dots ; \quad x_0 \text{ beliebig}$$

gewiesen, indem sie wenigstens die ersten beiden Schritte vollzogen haben. Dieser Algorithmus, der zwar transfinit ist, weil er erst für $n \to \infty$ gegen $\sqrt{a}$ konvergiert, aber eine Folge von Näherungswerten liefert, deren Genauigkeit sehr schnell wächst, hat sich wegen seines dafür besonders geeigneten Aufbaus gerade in unserer Zeit des maschinellen Rechnens hervorragend bewährt. Er hat seinerzeit das dem schriftlichen Rechnen angepaßte Verfahren verdrängt, das über die Araber zu uns gekommen ist und sich auf eine wiederholte Anwendung der binomischen Formel

$$(a + b)^2 = a(a + 2b) + b^2$$

stützt.

Für die Griechen lag es nahe, als Grundlage für ein Näherungsverfahren zur Berechnung von $\sqrt{a}$ das Prinzip der *Wechselwegnahme* (nach van der WAERDEN [12]) zu benutzen, das sie zur Entdeckung des Irrationalen geführt hatte. Dieser Prozeß, der von zwei Zahlen a_o und b_o, $0 < a_o < b_o$, ausgeht und sich in der Form

$$q_k := \mathrm{ent}(b_k/a_k),$$

$$a_{k+1} := b_k - q_k a_k, \quad b_{k+1} := a_k, \quad k := 0, 1, 2, \ldots$$

algorithmisch darstellen läßt, ist für natürliche Zahlen a_o und b_o nichts anderes als der endliche euklidische Algorithmus zur Bestimmung ihres größten gemeinsamen Teilers. Falls aber a_o und b_o inkommensurabel sind, wird er transfinit. Im Falle $a_o = 1$, $b_o^2 = a$ führt er zu einer ziemlich langsam, aber oszillierend gegen $\sqrt{a}$ konvergierenden Folge von rationalen Zahlen.

Wesentlich effektiver arbeitet das Verfahren, das von dem auch den Griechen schon bekannten Problem ausgeht, teilerfremde ganze Zahlen x und y zu bestimmen, die der Gleichung

$$ax^2 + 1 = y^2$$

genügen. Man sieht hier unmittelbar, daß y/x den Wert $\sqrt{a}$ umso besser annähert, je größer x und y sind. Das Problem besteht daher darin, erst einmal kleinste Lösungen x_o, y_o zu finden und von diesen aus systematisch zu größeren Lösungen x_k, y_k vorzudringen. Beide Aufgaben haben die Inder gelöst, bevor sich später FERMAT (1601 - 1665), EULER und LAGRANGE mit dem angegebenen Gleichungstyp, der nicht ganz gerechtfertigt unter dem Namen PELLsche Gleichung läuft, beschäftigt haben, die zweite Aufgabe schon BRAHMAGUPTA im 7. Jh.u.Z. Sein Satz, daß mit (x_k, y_k) zugleich auch (x_{k+1}, y_{k+1}) die Gleichung befriedigt, wenn

$$x_{k+1} := 2x_k y_k, \quad y_{k+1} := y_k^2 + ax_k^2$$

ist, führt unmittelbar zu dem babylonischen Iterationsverfahren mit y_o/x_o als Startwert.

Wenn wir eine reelle Funktion $f : X \to \mathbb{R}$, $X \subset \mathbb{R}$, in einem Bereich $X' \subset X$ *numerisch bekannt* nennen, sobald wir in der Lage sind, für jedes $x \in X'$ den zugehörigen Funktionswert $f(x)$ wenigstens näherungsweise, aber in bekannten Genauigkeitsgrenzen anzugeben, so wird die irrationale Funktion $\sqrt{x}$ auf Grund der Existenz von Radizierungsalgorithmen zu einer numerisch bekannten Funktion. In diesem Sinne ist aber eine Funktion f auch dann als numerisch bekannt anzusehen, wenn wir für sie auf Grund einer systematischen Vorausberechnung einer geeigneten Auswahl ihrer Werte eine Funktionswertetafel zur Verfügung haben. In die Errechnung solcher Funktionstafeln und in das Ersinnen von Methoden, die dieses Errechnen erleichtern und vereinfachen können, ist in den letzten zwei Jahrtausenden eine Unsumme numerisch-mathematischer Arbeit hineingesteckt worden, die nur Bewunderung verdient. Einen entscheidenden Anteil daran haben die Astronomen von PTOLEMAIOS bis GAUSS. Angefangen hat es mit der Sehnentafel des PTOLEMAIOS und mit Tafeln der von den islamischen Mathematikern eingeführten trigonometrischen Funktionen, wobei auch Potenzreihenentwicklungen, als erste um 1500 diejenige der Arcustangens-Funktion, eine Rolle gespielt haben. Weitergegangen ist es dann über die ersten Logarithmentafeln des 16. Jahrhunderts, die beispielsweise einem KEPLER (1571 bis 1630) unschätzbare Dienste geleistet haben, und über Tafeln der sogenannten elementaren transzendenten Funktionen bis zu dem großen Vorrat an Tafeln der höheren Transzendenten, der uns heute zur Verfügung steht. Vergessen werden dürfen auch nicht die vielen Hilfstafeln, die oft ad hoc geschaffen worden sind und zu denen man beispielsweise die Additionsalgorithmen von GAUSS zählen kann.

Ein Zentralproblem, das im Zusammenhang mit Funktionstafeln stets auftritt, ist der bereits erwähnte Zwang zur Diskretisierung, der den ganzen Fragenkomplex der Interpolation nach sich zieht.

Die Theorie der *Interpolation* mit Polynomen als approximierenden Funktionen ist seit dem 17. Jahrhundert ein wichtiger Bestandteil der klassischen Numerischen Mathematik, der mit vielen klangvollen Namen - es seien nur NEWTON (1643 - 1727), LAGRANGE (1736 - 1813) und GAUSS (1777 - 1855) hervorgehoben - verknüpft ist. PTOLEMAIOS hat noch ausschließlich linear interpoliert, aber schon der chinesische Astronom LIU ZHUO (544 - 610) kannte die quadratische Interpolation mit Differenzen zweiter Ordnung, und GUO SHOUJING (1231 bis 1316) die kubische mit Differenzen dritter Ordnung. Wenn die Chinesen darüber hinaus die Bildung der Differenzen bis zu einer Ordnung vorangetrieben haben, bei der sich diese als konstant erwiesen, so liegt dem bereits die Vorstellung zugrunde, daß die Genauigkeit der Interpolation durch Erhöhung ihrer Ordnung gesteigert werden kann. Den Interpolationsfehler mittels eines Terms in geschlossener Darstellung erfaßt zu haben, ist allerdings wohl erst das Verdienst von CAUCHY (1789 - 1857).

Die Verwendung trigonometrischer Polynome zur Interpolation periodischer Funktionen findet sich erstmals 1743 bei EULER und in sehr präziser Formulierung der Aufgabenstellung bei CLAIRAUT (1713 - 1765) und vor allem bei LAGRANGE. Später hat sich daraus die Theorie der nach FOURIER (1768 - 1830) benannten Reihen entwickelt. Damit verlassen wir jedoch bereits die frühen historischen Entwicklungslinien der Numerischen Mathematik, auf die ich mich beschränken wollte. Ich möchte daher abschließend nur noch andeutungsweise auf zwei Punkte hinweisen.

Auf der einen Seite ist gerade das Interpolationsproblem - und das betrifft die Gegenwart ebenso wie die Vergangenheit - mitbestimmend für die Methoden der genäherten Quadratur und der numerischen Lösung gewöhnlicher und partieller Differentialgleichungen bis hin zu den noch jungen Verfahren der Spline-Algorithmen und der Methode der finiten Elemente. Auf der anderen Seite haben sich dem *Mehrstellenprinzip*, das der Interpolation zugrunde liegt und das so genannt werden kann, weil bei ihm Informationen über die zu approximierende Funktion stets mehreren Stellen entnommen werden, weitere Approximationsprinzipien an die Seite gestellt: als frühestes des *Prinzip der lokalen Approximation*, das zu den TAYLOR-Entwicklungen führt und beispielsweise auch hinter dem NEWTON-Verfahren zur schrittweisen Lösung nichtlinearer Gleichungen steckt, wenn dort bei jedem Schritt eine lokale Linearisierung vorgenommen wird; das *Prinzip der kleinsten Fehlerquadratsumme*, das wir GAUSS verdanken und das zu einem tragenden Prinzip nicht nur der Numerischen Mathematik, sondern der gesamten Analysis geworden ist; schließlich das *Prinzip der kleinsten Maximalabweichung*, auf das CHEBYSHEV (1821 - 1894) zurückgeht und sich als ebenso bedeutsam wie die Fehlerquadratmethode erwiesen hat.

L I T E R A T U R

[1] GOLDSTINE, H.H., A History of Numerical Analysis from the 16th through the 19th Century New York/Heidelberg/Berlin 1977.

[2] SCHABACK, R., Die Beiträge von Carl Friedrich Gauß zur numerischen Mathematik. NAM Bericht Nr. 18, Universität Göttingen 1977.

[3] HEINRICH, H., Über GAUSS' Beiträge zur Numerischen Mathematik in: Abhandlungen der Akademie der Wissenschaften der DDR, Abteilung Mathematik, Naturwissenschaften und Technik N.3 (1978), S. 109 - 122
(Festakt und Tagung aus Anlaß des 2oo. Geburtstages von Carl Friedrich Gauß, 22./23.4.1977 in Berlin)

[4] JUSCHKEWITSCH, Geschichte der Mathematik im Mittelalter russ. Original Moskau 1961, deutsche Übersetzung Leipzig 1964.

[5] v. NEUMANN, J., The Mathematician in: Works, Vol.I, S. 1-9

[6] CHIU CHANG SUAN SHU ("Neun Bücher arithmetischer Technik") übersetzt und erläutert von K.VOGEL Ostwalds Klassiker der Exakten Wissenschaften, Neue Folge Bd.4, Braunschweig 1968.

[7] NEUGEBAUER, O., Zur geometrischen Algebra (Studien zur Geschichte der antiken Algebra 3) in: Quellen und Studien zur Geschichte der Mathematik, Astronomie und Physik, Bd.3, Berlin 1930, S. 258.

[8] WUSSING, H., Zur Grundlagenkrisis der griechischen Mathematik, in: Hellenische Poleis, Bd.IV, S.1872-1895, Berlin 1974.

[9] GAUSS, C.F., Werke Bd. VII, S. 307 - 309, Werke Bd. VI , S. 61 - 64.

[10] HOFMANN, J.E., Geschichte der Mathematik Bd.I Sammlung Göschen 226, Berlin 1953.

[11] COLLATZ, L., Über das Quadratwurzelziehen mit der Rechenmaschine ZAMM 16 (1936), S. 59 - 60.

THEOREMS OF STEIN-ROSENBERG TYPE

John J. Buoni* and Richard S. Varga**

§1. Introduction.

To obtain a solution of the linear system of equations

$$A\underline{x} = \underline{b}, \tag{1.1}$$

where A is an $n \times n$ complex matrix, it is often convenient to consider the splitting of A,

$$A = D - L - U, \tag{1.2}$$

where D, L, and U are $n \times n$ matrices with D nonsingular. Here, we do not assume that D is diagonal, nor that L and U are triangular. Associated with the splitting (1.2) are the following well-known successive overrelaxation (SOR) iteration matrices $\mathcal{L}_\omega$, defined by

$$\mathcal{L}_\omega := (D - \omega L)^{-1}\{(1-\omega)D + \omega U\} \tag{1.3}$$

for all complex relaxation factors ω with ω sufficiently small, and the extrapolated Jacobi matrix

*Research accomplished while on leave at Kent State University.

**Research supported in part by the Air Force Office of Scientific Research, and by the Department of Energy.

$$J_\omega := I - \omega D^{-1}A. \tag{1.4}$$

Historically, the Stein-Rosenberg Theorem [3] plays an important role in the comparison of the iterative methods of (1.3) and (1.4), when J_1 is assumed to be a nonnegative matrix (written $J_1 \geq \mathcal{O}$) and when $D^{-1}L$ and $D^{-1}U$ are respectively strictly lower triangular and strictly upper triangular. If $\rho(F)$ denotes the spectral radius of any $n \times n$ matrix F, then the Stein-Rosenberg Theorem effectively gives us under these assumptions that (cf. Young [6, p. 120])

$$\rho(\mathcal{L}_\omega) \leq \rho(J_\omega) < 1 \text{ for all } 0 < \omega \leq 1 \text{ if } \rho(J_1) < 1, \tag{1.5}$$

and that

$$\rho(\mathcal{L}_\omega) \geq \rho(J_\omega) > 1 \text{ for all } 0 < \omega \leq 1 \text{ if } \rho(J_1) > 1. \tag{1.6}$$

Thus, on defining in general

$$\Omega_{\mathcal{L}} := \{\omega \in \mathbb{C}: \rho(\mathcal{L}_\omega) < 1\}, \text{ and } \mathfrak{D}_{\mathcal{L}} := \{\omega \in \mathbb{C}: \rho(\mathcal{L}_\omega) > 1\}, \tag{1.7}$$

and

$$\Omega_J := \{\omega \in \mathbb{C}: \rho(J_\omega) < 1\}, \text{ and } \mathfrak{D}_J := \{\omega \in \mathbb{C}: \rho(J_\omega) > 1\}, \tag{1.8}$$

we deduce from (1.5) and (1.6) that

<u>Theorem A</u>. Assuming $J_1 \geq \mathcal{O}$ and that D is nonsingular with $D^{-1}L$ and $D^{-1}U$ respectively strictly lower triangular and strictly upper triangular, then

$$\Omega_{\mathcal{L}} \cap \Omega_J \supset (0,1] \quad \text{if} \quad \rho(J_1) < 1, \text{ and} \tag{1.9}$$

$$\mathfrak{D}_{\mathcal{L}} \cap \mathfrak{D}_J \supset (0,1] \quad \text{if} \quad \rho(J_1) > 1. \tag{1.10}$$

The question we address in this paper is the finding of necessary and sufficient conditions such that $\Omega_{\mathcal{L}} \cap \Omega_J \neq \emptyset$ and $\mathfrak{D}_{\mathcal{L}} \cap \mathfrak{D}_J \neq \phi$, without assuming that $J_1 \geq \mathcal{O}$ or that $D^{-1}L$ and $D^{-1}U$ are respectively strictly lower and strictly upper triangular matrices.

Some preliminary results are given in §2, while our main results are given in §3. Then, in §4, some remarks and examples are given.

§2. Relationships between $\mathcal{L}_\omega$ and J_ω.

In this section, we establish some formal identities relating the matrices $\mathcal{L}_\omega$ and J_ω. In particular, we deduce in Theorem 2.2 an expression relating the eigenvalues of $\mathcal{L}_\omega$ and J_ω for ω small.

As an easily verified consequence of the definitions of (1.3) and (1.4), we have

Lemma 2.1. For the splitting $A = D - L - U$ of (1.2), assume that D is nonsingular. Then,

$$\mathcal{L}_\omega = J_\omega - \omega^2(D^{-1}L)(I - \omega D^{-1}L)^{-1}(D^{-1}A) \tag{2.1}$$

for all complex ω with ω sufficiently small.

If $\sigma(F) := \{\lambda \in \mathbb{C}: \det(\lambda I - F)\}$ denotes the spectrum of any $n \times n$ matrix F, then, using (2.1) of Lemma 2.1, we establish

Theorem 2.2. For the splitting $A = D - L - U$ of (1.2), assume that D is nonsingular. Then, for each $\lambda \in \sigma(\mathcal{L}_\omega)$, there exists a $\mu \in \sigma(J_\omega)$ such that

$$|\lambda - \mu| = O(|\omega|^{1+\frac{1}{n}}), \text{ for all } \omega \text{ sufficiently small.} \tag{2.2}$$

Proof. Consider the matrix

$$Q(\omega) := D^{-1}A + \omega D^{-1}L(I - \omega D^{-1}L)^{-1}D^{-1}A, \tag{2.3}$$

which is defined for all ω sufficiently small. Because ω is assumed small, a classical result of Ostrowski [2, p. 334] gives us that for each $\xi \in \sigma(Q(\omega))$, there is a $\gamma \in \sigma(D^{-1}A)$ such that

$$|\xi-\gamma| = o(|\omega|^{1/n}) \text{ for all } \omega \text{ sufficiently small,} \tag{2.4}$$

where n is the order of the matrices in (1.2). Note, however, from (1.4) and (2.1) that we can express $Q(\omega)$ and $D^{-1}A$ as

$$Q(\omega) = \frac{1}{\omega}(I-\mathcal{L}_\omega) \text{ for all } \omega \neq 0 \text{ sufficiently small,} \tag{2.5}$$

and

$$D^{-1}A = \frac{1}{\omega}(I - J_\omega) \text{ for all } \omega \neq 0. \tag{2.6}$$

Hence, each $\xi \in \sigma(Q(\omega))$ and each $\gamma \in \sigma(D^{-1}A)$ can be expressed from (2.5) and (2.6) as

$$\xi = \frac{1}{\omega}(1 - \lambda) \text{ with } \lambda \in \sigma(\mathcal{L}_\omega), \tag{2.7}$$

and

$$\gamma = \frac{1}{\omega}(1 - \mu) \text{ with } \mu \in \sigma(J_\omega), \tag{2.8}$$

and substituting (2.7) and (2.8) in (2.4) yields (2.2) for $\omega \neq 0$ sufficiently small. Of course, (2.2) trivially holds for $\omega = 0$, since $\mathcal{L}_0 = J_0 = I$ from (1.3) and (1.4). ∎

We remark that the exponent of $|\omega|$ in (2.2) of Theorem 2.2 is, in general, best possible, as simple examples show. However, with further assumptions on the matrices in the splitting of (1.2), the exponent of $|\omega|$ can be increased to 2, as we now show.

<u>Theorem 2.3</u>. For the splitting $A = D - L - U$ of (1.2), assume that D is nonsingular, and that

i) $D^{-1}A$ commutes with $D^{-1}L$, or

ii) $D^{-1}A$ is diagonalizable.

Then, for each $\lambda \in \sigma(\mathcal{L}_\omega)$, there exists a $\mu \in \sigma(J_\omega)$ such that

$$|\lambda - \mu| = o(|\omega|^2), \text{ for all } \omega \text{ sufficiently small.} \tag{2.9}$$

Proof. Assuming i), it follows from (1.2) that $D^{-1}A$ commutes with $D^{-1}L$ as well as $D^{-1}U$, whence $\mathcal{L}_\omega$ and J_ω also commute from (2.1). Then, (2.9) follows from (2.1) and the fact that if M and N are commuting matrices, then $\sigma(M+N) \subseteq \sigma(M) + \sigma(N)$. Assuming ii), a slight modification of a result in Stewart [4, p. 304] gives (2.9). ■

§3. Main Results.

With the aid of Theorem 2.2, we can develop our analogs of the Stein-Rosenberg Theorem.

Theorem 3.1. For the splitting $A = D - L - U$ of (1.2), assume that D is nonsingular. Further, assume that there exists a real $\hat{\theta}$ with $0 \leq \hat{\theta} < 2\pi$ for which

$$\min \operatorname{Re}\{e^{i\hat{\theta}}\xi : \xi \in \sigma(D^{-1}A)\} > 0. \tag{3.1}$$

Then, for $\omega = re^{i\hat{\theta}}$ with $r > 0$ sufficiently small, $\mathcal{L}_\omega$ and J_ω simultaneously converge. Thus,

$$\Omega_{\mathcal{L}} \cap \Omega_J \neq \phi. \tag{3.2}$$

Proof. Since $J_\omega = I - \omega D^{-1}A$ from (1.4), it follows that any $\mu \in \sigma(J_\omega)$ can be expressed, for $\omega = re^{i\hat{\theta}}$, as

$$\mu = 1 - \omega\xi = 1 - re^{i\hat{\theta}}\xi, \text{ where } \xi \in \sigma(D^{-1}A),$$

so that

$$|\mu|^2 = 1 - 2r \operatorname{Re}(e^{i\hat{\theta}}\xi) + r^2|\xi|^2. \tag{3.3}$$

Using (3.1), then $\rho(J_\omega) < 1$ for all $r > 0$ sufficiently small.

Continuing, using (2.2) of Theorem 2.2, it follows that for each $\lambda \in \sigma(\mathcal{L}_\omega)$, there is a $\mu \in \sigma(J_\omega)$ such that $|\lambda - \mu| = O(r^{1+\frac{1}{n}})$, or

$$|\lambda| = |\mu| + o(r^{1+\frac{1}{n}}).$$

Using (3.3), it follows that

$$|\lambda|^2 = 1 - 2r\,\mathrm{Re}(e^{i\hat{\theta}}\xi) + o(r^{1+\frac{1}{n}}), \tag{3.4}$$

which, from hypothesis (3.1), gives that $\rho(\mathcal{L}_\omega) < 1$ for all $r > 0$ sufficiently small. Consequently, $\Omega_{\mathcal{L}} \cap \Omega_J$ contains all $\omega = re^{i\hat{\theta}}$ for $r > 0$ sufficiently small, which establishes (3.2). ■

In the converse direction, we have

<u>Theorem 3.2</u>. For the splitting $A = D - L - U$ of (1.2), assume that D is nonsingular, and assume for each real θ with $0 \leq \theta < 2\pi$ that

$$\min \mathrm{Re}\{e^{i\theta}\xi : \xi \in \sigma(D^{-1}A)\} \leq 0. \tag{3.5}$$

Then, J_ω diverges for all complex numbers ω.

<u>Proof</u>. Any $\mu \in \sigma(J_\omega)$ can, as in the preceding result, be expressed as $\mu = 1 - \omega\xi$ where $\xi \in \sigma(D^{-1}A)$. For any $\omega = re^{i\theta}$, we have, as in (3.3), that

$$|\mu|^2 = 1 - 2r\,\mathrm{Re}(e^{i\theta}\xi) + r^2|\xi|^2 \geq 1,$$

the last inequality following from hypothesis (3.5). Thus, J_ω diverges for all ω. ■

Now, set

$$K(D^{-1}A) := \text{closed convex hull of } \sigma(D^{-1}A), \tag{3.6}$$

and let $\mathring{K}(D^{-1}A)$ denote its interior. As a characterization of (3.5) of Theorem 3.2 in terms of $K(D^{-1}A)$, we have

<u>Theorem 3.3</u>. For the splitting $A = D - L - U$ of (1.2), assume that D is nonsingular. Then, $0 \in K(D^{-1}A)$ iff (3.5) is valid for each θ with $0 \leq \theta < 2\pi$.

Proof. If $0 \in K(D^{-1}A)$, then $0 \in e^{i\theta}K(D^{-1}A)$ for each θ, $0 \leq \theta < 2\pi$, from which it follows that (3.5) is valid for each real θ. Conversely, if $0 \notin K(D^{-1}A)$, then it is geometrically evident that there exists a $\hat{\theta}$ with $0 \leq \hat{\theta} < 2\pi$ for which (3.1) holds for $\theta = \hat{\theta}$. But then, from Theorems 3.1 and 3.2, (3.5) cannot hold. ∎

As an immediate consequence of Theorems 3.1-3.3, we have the following analog of (1.9) of the Stein-Rosenberg Theorem A.

Theorem 3.4. For the splitting $A = D - L - U$ of (1.2), assume D is nonsingular. Then,

$$\Omega_{\mathcal{L}} \cap \Omega_J \neq \phi \text{ iff } 0 \notin K(D^{-1}A). \tag{3.7}$$

As a consequence of Theorem 3.4, we have

Corollary 3.5. For the splitting $A = D - L - U$ of (1.2), assume that D is nonsingular, and that $D^{-1}A$ is strongly stable, i.e., $\mathrm{Re}\, \xi > 0$ for any $\xi \in \sigma(D^{-1}A)$. Then, $\mathcal{L}_\omega$ and J_ω are simultaneously convergent for all $\omega > 0$ sufficiently small.

Proof. The hypothesis that $D^{-1}A$ is strongly stable insures that (3.1) is valid with $\theta = 0$. Then, apply Theorem 3.1. ∎

In the converse direction, we similarly establish the analog of (1.10) of Theorem A.

Theorem 3.6. For the splitting $A = D - L - U$ of (1.2), assume D is nonsingular. If $0 \in \mathring{K}(D^{-1}A)$, then

$$\mathfrak{D}_J \cap \mathfrak{D}_{\mathcal{L}} \supseteq \{\omega \in \mathbb{C} : |\omega| < r_0 \text{ and } \omega \neq 0\} \text{ for some } r_0 > 0. \tag{3.8}$$

Conversely, if (3.8) is valid, then $0 \in K(D^{-1}A)$.

Proof. If $0 \in \mathring{K}(D^{-1}A)$, then for every θ with $0 \leq \theta < 2\pi$, there is a $\xi \in \sigma(D^{-1}A)$ such that $\mathrm{Re}(e^{i\theta}\xi) < 0$. Thus, by Theorem 3.2, J_ω diverges for all ω. Moreover, from (3.4), we deduce that $\rho(\mathcal{L}_\omega) > 1$ for all $\omega = re^{i\theta}$ with $0 \leq \theta < 2\pi$, and with $r > 0$ sufficiently small. Hence, (3.8) is valid.

Conversely, assume (3.8) is valid. Then, for each θ with $0 \leq \theta < 2\pi$ and each $r_0 \geq r > 0$, there exists a $\xi \in \sigma(D^{-1}A)$ with $\xi \neq 0$ such that $|1 - re^{i\theta}\xi| > 1$, whence

$$1 - 2r\,\mathrm{Re}(e^{i\theta}\xi) + r^2|\xi|^2 > 1.$$

For $r > 0$ sufficiently small, this evidently implies that $\mathrm{Re}(e^{i\theta}\xi) \leq 0$. But as θ was arbitrary, then $0 \in K(D^{-1}A)$. ∎

The following example indicates the sharpness of the above results.

Example 3.1. Consider the matrix A and its splitting (1.2) defined by

$$A := \begin{bmatrix} 1 & 1 \\ -2 & -1 \end{bmatrix}; \quad D := I; \quad L := \begin{bmatrix} 0 & 0 \\ 2 & 0 \end{bmatrix}; \quad U := \begin{bmatrix} 0 & -1 \\ 0 & 2 \end{bmatrix}.$$

Then, $\sigma(D^{-1}A) = \{\pm i\}$, so that $K(D^{-1}A) = \{i\tau : -1 \leq \tau \leq +1\}$, whence $0 \in K(D^{-1}A)$, but $0 \notin \mathring{K}(D^{-1}A)$. Thus, by Theorems 3.2 and 3.3, J_ω diverges for all ω. However, the characteristic polynomial for the associated matrix $\mathcal{L}_\omega$ is just $\lambda^2 + (2\omega^2 - 2)\lambda + 1 - \omega^2$, and, as its discriminant is $4\omega^2(\omega^2 - 1)$, then $\rho(\mathcal{L}_\omega) = \sqrt{1-\omega^2} < 1$ for all $0 < \omega \leq 1$. Thus, $\Omega_{\mathcal{L}} \supset (0,1]$, while $\Omega_J = \phi$.

§4. Remarks and Examples.

In the case when $\Omega_{\mathcal{L}} \cap \Omega_J \neq \phi$, our Stein-Rosenberg-type Theorem 3.4 does not give us that the successive over-relaxation matrix $\mathcal{L}_\omega$ is iteratively faster (cf. [5]) than the corresponding Jacobi matrix J_ω. Indeed, within the framework in which our results were derived, such a result could not be true, as the following examples show.

Example 4.1. Consider

$$A := \begin{bmatrix} 1 & 1 \\ -1 & 1 \end{bmatrix}, \quad D := I.$$

In this case, A is strongly stable since $\sigma(D^{-1}A) = \{1 \pm i\}$. Furthermore, one easily sees that

$$\rho(J_\omega) = \{2\omega^2 - 2\omega + 1\}^{1/2}, \quad \omega \text{ real}, \tag{4.1}$$

$$\Omega_J \cap \mathbb{R} = (0,1), \tag{4.2}$$

$$\min\{\rho(J_\omega) : \omega \text{ real}\} = \rho(J_{1/2}) = 2^{-1/2} \doteqdot 0.7071. \tag{4.3}$$

Now, set

$$L^{(1)} := \begin{bmatrix} 0 & 0 \\ 1 & 0 \end{bmatrix}, \quad U^{(1)} = \begin{bmatrix} 0 & -1 \\ 0 & 0 \end{bmatrix},$$

from which it follows that the associated matrix $\mathcal{L}_\omega^{(1)}$ has $(\lambda + \omega - 1)^2 + \omega^2\lambda$ as its characteristic polynomial. From this, one easily obtains that

$$\Omega_{\mathcal{L}^{(1)}} \cap \mathbb{R} = (0,1), \tag{4.4}$$

$$\rho(\mathcal{L}_\omega^{(1)}) < \rho(J_\omega) < 1 \quad \text{for all } \omega \in (0,1), \tag{4.5}$$

and that

$$\min\{\rho(\mathcal{L}_\omega^{(1)}) : \omega \text{ real}\} = \rho(\mathcal{L}^{(1)}_{2(\sqrt{2}-1)}) \doteqdot 0.1716. \tag{4.6}$$

On the other hand, setting

$$L^{(2)} := \begin{bmatrix} 0 & 0 \\ -1 & 0 \end{bmatrix}; \quad U^{(2)} = \begin{bmatrix} 0 & -1 \\ 2 & 0 \end{bmatrix},$$

the associated matrix $\mathcal{L}_\omega^{(2)}$ has $\lambda^2 - (\omega^2 - 2\omega + 2)\lambda + (3\omega^2 - 2\omega + 1)$ as its characteristic polynomial. From this, one again easily obtains that

$$\Omega_{\mathcal{L}^{(2)}} \cap \mathbb{R} = (0, 2/3), \tag{4.7}$$

$$\rho(J_\omega) < \rho(\mathcal{L}_\omega^{(2)}) < 1 \text{ for all } \omega \in (0, 2/3), \tag{4.8}$$

and that

$$\min\{\rho(\mathcal{L}_\omega^{(2)}) : \omega \text{ real}\} = \rho(\mathcal{L}_{1/3}^{(2)}) \doteq 0.8165. \tag{4.9}$$

Note that (4.8) is the reversed inequality of (4.5).

Finally, it is interesting and appropriate to consider two well-known examples [1; 5, p. 74], due to Professor L. Collatz who is being honored with this volume, which are associated with the convergence and divergence of $\mathcal{L}_1$ and J_1.

Example 4.2. With D:= I, set

$$A := \frac{1}{2}\begin{bmatrix} 2 & -1 & 1 \\ 2 & 2 & 2 \\ -1 & -1 & 2 \end{bmatrix}; \; L := \frac{1}{2}\begin{bmatrix} 0 & 0 & 0 \\ -2 & 0 & 0 \\ 1 & 1 & 0 \end{bmatrix}; \; U := \frac{1}{2}\begin{bmatrix} 0 & 1 & -1 \\ 0 & 0 & -2 \\ 0 & 0 & 0 \end{bmatrix}.$$

Then, it was shown by Professor Collatz that $\rho(J_1) > 1$, while $\rho(\mathcal{L}_1) < 1$. However, $\sigma(D^{-1}A) = \{1; 1 \pm i\sqrt{5}/2\}$, so that $D^{-1}A$ is strictly stable. Thus, by Corollary 3.5, there is an $\omega > 0$ such that

$$\Omega_J \cap \Omega_{\mathcal{L}} \supseteq (0, \omega).$$

A short calculation shows that the largest such ω is 8/9, whence

$$\Omega_J \cap \Omega_{\mathcal{L}} \supseteq (0, 8/9).$$

On the other hand, consider

Example 4.3. With D: I, set

$$A := \begin{bmatrix} 1 & 2 & -2 \\ 1 & 1 & 1 \\ 2 & 2 & 1 \end{bmatrix}; \; L := \begin{bmatrix} 0 & 0 & 0 \\ -1 & 0 & 0 \\ -2 & -2 & 0 \end{bmatrix}; \; U := \begin{bmatrix} 0 & -2 & 2 \\ 0 & 0 & -1 \\ 0 & 0 & 0 \end{bmatrix}.$$

In this example, it was shown by Professor Collatz that $\rho(J_1) < 1$, while $\rho(\mathcal{L}_1) > 1$. However, $\sigma(D^{-1}A) = \{1, 1, 1\}$, so that $D^{-1}A$ is again strictly stable, and hence, by Corollary 3.5, there is an $\hat{\omega} > 0$ such that

$$\Omega_J \cap \Omega_{\mathcal{L}} \supseteq (0, \hat{\omega}).$$

A short calculation shows that the largest such $\hat{\omega}$ is approximately 0.4873, whence

$$\Omega_J \cap \Omega_{\mathcal{L}} \supseteq (0, 0.4873).$$

References

1. L. Collatz, "Fehlerabschätzung für das Iterationsverfahren zur Auflösung linearer Gleichungssysteme", Z. Angew. Math. Mech. 22(1942), 357-361.

2. A. M. Ostrowski, Solution of Equations in Euclidean and Banach Spaces, Academic Press, New York, 1973.

3. P. Stein and R. Rosenberg, "On the solution of linear simultaneous equations by iteration", J. London Math. Soc. 23(1948), 111-118.

4. G. W. Stewart, Introduction to Matrix Computations, Academic Press, New York, 1973.

5. R. S. Varga, Matrix Iterative Analysis, Prentice-Hall, Englewood Cliffs, N.J., 1962.

6. D. M. Young, Iterative Solution of Large Linear Systems, Academic Press, New York, 1971.

ZUM DIFFERENZENVERFAHREN BEI GEWÖHNLICHEN DIFFERENTIALGLEICHUNGEN

Erich Bohl

Gegeben sei eine Randwertaufgabe

(1) $\quad -x'' + p(t)x' = f(t,x), \quad x(0) = x(1) = 0$

mit p, f, $D_x f \in C$. Für $h = M^{-1}$ werde das Gitter $\Omega_h = \{jh: j = 1,..,M\}$ definiert. Dann sei

(2) $\quad A_h x = B_h F_h x$

eine Abkürzung für das gewöhnliche Differenzenverfahren

$$\begin{aligned} x(0) &= 0 \\ h^{-2}(-(1+0.5hp(t))x(t-h) + 2x(t) - (1-0.5hp(t))x(t+h)) &= f(t,x(t)) \quad \text{für } t=h,..,1-h \\ x(1) &= 0. \end{aligned}$$

Dabei ist $B_h = \text{diag}\ (0,1,..,1,0)$ und

(2a) $\quad (F_h x)(t) = f(t,x(t)) \quad \text{für} \quad t \in \Omega_h.$

Das Standardergebnis zur Konvergenz des Differenzenverfahrens lautet.

Satz: Sei $\bar{x} \in C^2$ eine Lösung von (1). Die Linearisierung

(3) $\quad -x'' + p(t)x' - D_x f(t,\bar{x}(t))x\ , \quad x(0) = x(1) = 0$

von (1) bei $\bar{x}$ sei invertierbar mit der Greenschen Funktion $G(t,s)$. Dann existiert ein $H > 0$ und eine Umgebung $U(\bar{x}_h)$ ($\bar{x}_h$ = Restriktion von $\bar{x}$ auf das Gitter Ω_h) von $\bar{x}_h$, so daß für $0 < h < H$ das Gleichungssystem (2) genau eine Lösung $\bar{y}^h$ in $U(\bar{x}_h)$ besitzt. Ferner gilt

$$(4) \qquad \|\bar{x}_h - \bar{y}^h\|_h = O(h^2) \text{ falls } \bar{x} \in C^4$$

($\|\ \|_h$ = Maximumnorm in $\mathbb{R}^{\Omega_h}$).

Wir nehmen diesen Satz [1b,7,8,10,11,15,16 und viele weitere Autoren] zum Anlaß, um eine Entwicklung nachzuzeichnen, welche mit den beiden Arbeiten [5a] und [5b] von L. Collatz eingeleitet wurde. Es handelt sich in [5b] um die Verbesserung der Approximation von Verfahren der Form (2) durch die Einführung von sog. Formeln höherer Ordnung. Da solche Formeln mehr als nur drei Stützstellen benötigen, wird man gezwungen, in einer sog. Randschicht doch wieder Formeln niederer Ordnung zu benutzen. Die aufgestellten Schemen zeigen bei festem h deutlich bessere numerische Resultate. Es ist aber ohne weiteres nicht klar, daß analog zu (4) für solche Schemen

$$(5) \qquad \|\bar{x}_h - \bar{y}^h\|_h = O(h^N) \text{ falls } \bar{x} \in C^{N+2}$$

gilt, wobei N die höchste im Schema vorkommende Konsistenzordnung bezeichnet. Heute ist eine Regel (vgl. Abschnitt 1) zur Aufstellung solcher Schemen bekannt. Das erste Schema, welches mit Formeln verschiedener Konsistenzordnung arbeitet und dieser Regel genügt, ist im Anschluß an eine Arbeit von S. Gerschgorin von L. Collatz [5a] angegeben worden. Hierauf gehen wir in Abschnitt 1 ein. Die beiden folgenden Abschnitte 2 und 3 geben dann einen Überblick über die Art der Aussagen, welche man bei fester Schrittweite h machen kann, wenn die im Satz genannte Greensche Funktion sogar ≥ 0 in $[0,1]^2$ ausfällt. Solche quantitativen Ergebnisse sind für die aktuelle numerische Rechnung besonders wichtig. Sie werden aber von einem allgemeinen Konvergenzsatz nicht geliefert. Ein numerisches Beispiel aus der Elastizitätstheorie beschließt die Arbeit.

1. Schemen höherer Konvergenzordnung.

Die Punkte

$$\{jh,\ 1-kh : j=1,..,N_1,\ k=1,..,N_2\}\quad (1 \leq N_1 + N_2 \leq M)$$

einer Gitterfolge Ω_h heißen randnahe Gitterpunkte, falls N_1 und N_2 von M unabhängig gewählt sind. Die dazugehörigen Gleichungen des Differenzenschemas heißen randnahe Gleichungen. Mit Hilfe der in [5b] angegebenen Differenzenformeln höherer Konsistenzordnung sind in [3] eine Reihe von Schemen zusammengestellt und untersucht worden. Wir geben hier als Beispiel eines dieser Schemen für die Randwertaufgabe (1) an:

$$x(t) = 0 \quad (t = 0,1)$$

$$\frac{1}{12}h^{-2}\,((1+hp(t))x(t-2h) - (16+8hp(t))\,x\,(t-h) + 30x(t)$$
$$- (16-8hp(t))x(t+h)+(1-hp(t))x(t+2h))$$
$$= f(t,x(t)) \quad (t = 2h,...,1-2h).$$

Diese Gleichungen haben die Konsistenzordnung 4 für Lösungen in C^6 von (1). Wir müssen zwei randnahe Gleichungen hinzufügen ($N_1 = N_2 = 1$)

$$h^{-2}(-(1+0.5hp(t))x(t-h)+2x(t) - (1 - 0.5hp(t))x(t+h))$$
$$= f(t,x(t)). \quad (t = h,1-h).$$

Diese sind von der Konsistenzordnung 2 für Lösungen in C^4.

Obwohl in randnahen Gleichungen die Konsistenzordnung geringer ist, muß sich die Konvergenzordnung des Schemas nicht erniedrigen. Das in [5a] angegebene Beispiel lautet auf die gewöhnliche Randwertaufgabe (1) mit $p \equiv 0$ zugeschnitten:

$$
\begin{aligned}
x(0) &= 0 \\
h^{-2}(-x(t-h)+2x(t)-x(t+h)) &= \begin{cases} 0 & t=h,1-h \\ f(t,x(t)) & t=2h,..,1-2h \end{cases} \\
x(1) &= 0
\end{aligned}
$$

Die randnahen Gleichungen bei $t = h$ und $t = 1-h$ fordern eine Interpolation von $x(t)$ durch die Funktionswerte der beiden Nachbarn $t-h$ und $t+h$. In [5a] wurde für lineares f die Konvergenzordnung 2 gezeigt. Dies steht im Einklang mit der folgenden in [4] erstmals aufgestellten

Regel: Für eine Randwertaufgabe mit einer Differentialgleichung der Ordnung G und Randbedingungen der Ordnung R ist ein Differenzenschema von der Konvergenzordnung $K \geq G - R > 0$ für die kontinuierliche Lösung $\bar{x}$, falls $\bar{x}$ hinreichend glatt ist und falls ihre Restriktion $\bar{x}_h$ auf das Gitter Ω_h in randnahen Gleichungen einen Defekt der Ordnung $K - (G - R)$ in allen anderen Gleichungen aber einen Defekt der Ordnung K hinterläßt.

In jüngster Zeit ist diese Regel bei einer großen Zahl von Schemen bestätigt worden [1c,2b,3,4,6,11,12a]. Dazu gehört auch das oben angegebene Beispiel ($K-(G-R) = 2$). Im Falle des Beispiels von L. Collatz gilt $K = 2$, $G = 2$, $R = 0$, so daß die Regel befriedigt ist.

2. Aussagen bei festem h.

Die in dem obigen Satz ausgesprochenen Behauptungen gelten für alle "vernünftig" aufgestellten Differenzenschemen. Dies schließt die Konvergenzordnung gemäß (5) ein solange die in 1. genannte Regel beachtet wird. Allerdings behauptet der Satz möglicherweise nur etwas für nicht akzeptierbar kleine Schrittweiten h. Das Gleichungssystem wird dann zu groß und seine Auflösung kostspielig. Außerdem sagt der Satz nichts darüber aus, wie die Gleichungssysteme gelöst werden können. Allgemein kann man eine Konvergenzaussage machen für das Newton Verfahren oder für allgemeinere Parallelenverfahren [1a,10]. Jedoch muß der Startvektor stets "hinreichend gut" sein. Er sollte also in der Umgebung $U(\bar{x}_h)$ liegen (vgl. den Satz). Diese Umgebung ist aber unbekannt, da $\bar{x}$ die gesuchte kontinuierliche Lösung war. Der Satz macht mithin eine sehr allgemeine Konvergenzaussage, welche allerdings für die aktuelle Rechnung bei festem h für eine vernünftige Anzahl von Gleichungen keinen Beitrag leisten kann. Aussagen für festes h sind aber möglich, wenn man die Voraussetzungen an die Linearisierung (3) verschärft. Im Falle

(6) $$q \leq D_x f(t,s) \leq 0 \quad \text{in} \quad [0,1]\times\mathbb{R}$$

zum Beispiel kann man für eine Reihe von Schemen der Form (2) [3] eine Zahl $p_o > 0$ und eine positive Funktion $\bar{q}$ auf $[0,p_o]$ angeben, so daß für

(7) $$h\|p\|_\infty \leq p_o, \quad -2\bar{q}(h\|p\|_\infty) \leq h^2 q$$

gilt

(i) (2) besitzt genau eine Lösung $\bar{y}^h \in \mathbb{R}^{\Omega_h}$,

(ii) $\bar{y}^h$ ist Grenzwert der global konvergenten Verfahren

$$(A_h - B_h R_h)x^{n+1} = B_h(F_h - R_h)x^n$$

für jede Diagonalmatrix R_h mit Diagonalelementen in $[-h^{-2}\bar{q}(h\|p\|_\infty), \frac{1}{2}q]$.

Bekanntlich gelten (i) und (ii) für das gewöhnliche Differenzenverfahren aus der Einleitung, wenn

(8) $$h\|p\|_\infty \leq 2$$

ist. Hier wird man $p_o = 2$ und $\bar{q} \equiv \infty$ setzen. Aber auch im Falle des Schemas, welches in 1. angegeben ist, sind p_o und $\bar{q}$ angebbar, nämlich

(9) $\quad p_0 = 1, \ \bar{q}(t) = \mathrm{Min}\{3, 6-4t\}.$

Diese und weitere Beispiele findet der Leser in [2b,3]. Die Bedingungen (7) beschreiben quantitativ die Restriktionen an die Schrittweite h. So erhalten wir für $p \equiv 0$ im Falle des gewöhnlichen Differenzenschemas überhaupt keine Restriktion. Für das Schema aus 1. mit $p \equiv 0$ liefert (7) mit (9) die Bedingung

$$- 2\bar{q}(0) \leq h^2 q \text{ oder } - 6 \leq h^2 q.$$

Für $h = 0.1$ ist immerhin

$$- 600 \leq D_x f(t,s) \leq 0$$

zugelassen.

Es wird klar, daß (7) für $|p(t)| \gg 1$ unerträglich starke Restriktionen an die Schrittweite h verlangt. Andererseits zeigen numerische Rechnungen [13] mit linearen Aufgaben der Form

$$- x'' + \lambda x' = f(t), \ x(0) = x(1) = 0,$$

daß die soweit beschriebenen Differenzenverfahren für $\lambda \gg 1$ bei noch akzeptierbaren Schrittweiten h völlig unbrauchbare Resultate liefern. Die scharfe Restriktion (7) an h signalisiert also richtig, daß man die Differenzenverfahren in dieser Form nur bei kleinen Beträgen der Funktion p(t) anwenden sollte. Dennoch ist der Ansatz der Differenzenverfahren nicht unbrauchbar für die numerische Behandlung von Differentialgleichungen mit signifikantem Ableitungsterm. Hierzu verweisen wir auf [2d,12b]. Allerdings scheint die Beurteilung eines Schemas durch sein Verhalten für $h \to 0$ (Konvergenztheorie) ungeeignet zu sein. Konvergenztheorie ist allenfalls für "kleine" Beträge am Ableitungsterm in der Differentialgleichung ein effektives Konzept für Rückschlüsse auf das Verhalten des Schemas bei gegebener Schrittweite h.

3. Lokale Aussagen.

Die Bedingung (6) an f ist für die Anwendungen noch zu einschränkend. Man kann sie ersetzen durch die lokale Voraussetzung

(10) $$q(t)(s_1 - s_2) \leq f(t,s_1) - f(t,s_2) \leq m(t)(s_1 - s_2)$$
$$\text{für } u(t) \leq s_2 \leq s_1 \leq w(t),\ t \in [0,1].$$

Dann erfüllt die Funktion

$$f^u(t,s) = \begin{cases} f(t,u(t)) + q_1(t)(s-u(t)) & s \leq u(t) \\ f(t,s) & \text{für } u(t) \leq s \leq w(t) \\ f(t,w(t)) + q_2(t)(s-w(t)) & w(t) \leq s \end{cases}$$

die Ungleichungen (10) global für alle $s_1, s_2 \in \mathbb{R}$, $s_2 \leq s_1$, $t \in [0,1]$, sofern nur

$$q(t) \leq q_i(t) \leq m(t) \quad (t \in [0,1],\ i = 1,2)$$

gewählt wird. Sei nun das Feld F_h^u aus f^u gemäß (2a) konstruiert, so stehen für das Gleichungssystem

(11) $$A_h x = B_h F_h^u x$$

wieder Aussagen der Form (i) und (ii) aus 2. zur Verfügung [2c,3]. Zusammen mit der Forderung (10) benötigt man wesentlich die Inversmonotonie der Matrizen

$$A_h - B_h M_h,\ A_h - B_h R_h$$

mit $M_h = \text{diag}\,(m(t): t \in \Omega_h)$, $R_h = \text{diag}(r(t): t \in \Omega_h)$ und

$$2r(t) \leq m(t) + q(t) \quad (t \in \Omega_h).$$

Diese Bedingung kann wieder über Ungleichungen der Form (7) in Restriktionen an die Schrittweite h umgesetzt werden

[2c,e]. Die Aussagen in 2. sind der Spezialfall für $q(t) = \text{const.}$, $m(t) \equiv 0$, $u(t) \equiv -\infty$, $w(t) \equiv +\infty$.

Die Lösung von (11) erfüllt genau dann auch das System (2), wenn (2) überhaupt in dem Intervall $[u,w]$ eine Lösung besitzt. Bei nur lokalen Voraussetzungen benötigt man natürlich grobe apriori Kenntnisse über die Lage der gesuchten Lösung. Ist über (10) hinaus die Funktion $D_x f(t,s)$ bezüglich $s \in [u(t),w(t)]$ für jedes feste $t \in \Omega_h$ monoton fallend und $D_x f(t,u(t)) \geq 0$ $(t \in \Omega_h)$, so kann man mit der soweit beschriebenen Methode einen Startvektor für ein konvergentes Newton Verfahren finden [2c].

Aussagen für festes h der bisher skizzierten Art setzen voraus, daß die Linearisierung (3) an der zu berechnenden Lösung $\bar{x}$ eine Greensche Funktion ≥ 0 in $[0,1]^2$ besitzt. Solche Lösungen von (1) heißen auch stabil.

Zum Abschluß betrachten wir als Beispiel die Aufgabe

$$(12) \qquad -x'' = \lambda h(t)\sin x + \gamma\cos(\tfrac{\pi}{2}t), \quad x'(0) = x(1) = 0.$$

Hierdurch wird die Auslenkung eines einseitig eingespannten Stabes unter Endbelastung ($h(t) \equiv 1$) oder unter seinem eigenen Gewicht ($h(t) = t$) beschrieben [14]. Die Funktion $\gamma\cos(\frac{\pi}{2}t)$ (γ = klein) berücksichtigt die Gestalt des unbelasteten Stabes. Es ist $\gamma = 0$ wenn der unbelastete Stab wirklich gerade ist und senkrecht steht. Die Linearisierung von (12) bei $x = \theta$ führt auf die Eigenwertaufgabe

$$(13) \qquad -x'' = \lambda h(t)x, \quad x'(0) = x(1) = 0.$$

Ihr kleinster positiver Eigenwert $\mu > 0$ charakterisiert die sog. Knicklast [5d]. Für $\gamma = 0$ besitzt (12) mit $0 \leq \lambda < \mu$ nur die triviale Lösung (lineares Modell). Wird $\lambda > \mu$, so gibt es außerdem eine nichttriviale Lösung $\bar{x}_\lambda$ eines Vorzeichens in $[0,1]$ (Verzweigungsmodell [14]). Ist $\gamma > 0$, so besitzt (12) für alle $\lambda \geq 0$ eine nichttriviale Lösung $\bar{y}_\lambda$ eines Vorzeichens (imperfect bifurcation [9]).

Als ein diskretes Analogon zu (12) verwenden wir das Schema aus 1., welches wegen der Randbedingung $x'(0) = 0$ in den Gleichungen für $t = 0$ und $t = h$ wie folgt abgeändert wird:

$$\frac{1}{12} h^{-2} (170x(0) - 216x(h) + 54x(2h) - 8x(3h)) = 3f(0,x(0))$$

$$\frac{1}{12} h^{-2} (-13x(0) + 27x(h) - 15x(2h) + x(3h)) = \frac{1}{12}(f(0,x(0)) + 11f(h,x(h))).$$

Mit

$$g(t,x) = h(t)\sin x, \quad c(t) = \cos(\tfrac{\pi}{2}t)$$
$$f(t,x) = \lambda g(t,x) + \gamma c(t)$$

ist die zu (12) analoge diskrete Aufgabe von der Form

(14) $$A_h x = \lambda B_h G_h x + \gamma B_h c_h.$$

Das zu (13) analoge Eigenwertproblem lautet

$$A_h x = \lambda_h B_h D G_h(\theta) x.$$

Der kleinste positive Eigenwert μ_h ist durch die Potenzmethode leicht zu berechnen [2a]. Die Quotientensatz [5c] liefert

$$2.467\,3 \leq \mu_h \leq 2.467\,4 \quad \text{für } h(t) = 1$$
$$7.832\,6 \leq \mu_h \leq 7.832\,7 \quad \text{für } h(t) = t.$$

Wir haben stets $h = 0.1$ gewählt.

Bezeichnen wir mit $\bar{x}^h_\lambda$ und $\bar{y}^h_\lambda$ die diskreten Analoga zu den oben beschriebenen Funktionen $\bar{x}_\lambda$ und $\bar{y}_\lambda$, so wird das diskrete Verzweigungsdiagramm durch die Funktionen

$$\lambda \longrightarrow \bar{x}^h_\lambda(0), \quad \lambda \longrightarrow \bar{y}^h_\lambda(0)$$

beschrieben, wobei wir im Falle der zweiten Funktion $\gamma = 0.1$ gewählt haben. Die Ergebnisse für die diskrete Aufgabe sind in den folgenden Tabellen zusammengestellt. Im einzelnen sind die Rechnungen wie in [2c] allgemein beschrieben durchgeführt.

λ	$\bar{x}^h_\lambda(0)$	$\bar{y}^h_\lambda(0)$
0.5		0.0508
1.0		0.0681
1.5		0.1031
2.0		0.2090
2.2		0.3352
2.3		0.4458
λ_h		
2.8	0.9925	1.1224
3.0	1.2246	1.3140
5.0	2.1909	2.2141
10.0	2.7960	2.8053

$h(t) = 1$

λ	$\bar{x}^h_\lambda(0)$	$\bar{y}^h_\lambda(0)$
0.0		0.0405
1.0		0.0456
3.0		0.0622
5.0		0.1018
6.0		0.1531
7.0		0.3059
λ_h		
8.0	0.4303	0.7687
10.0	1.4238	1.4904
15.0	2.1995	2.2255
20.0	2.5308	2.5489

$h(t) = t$

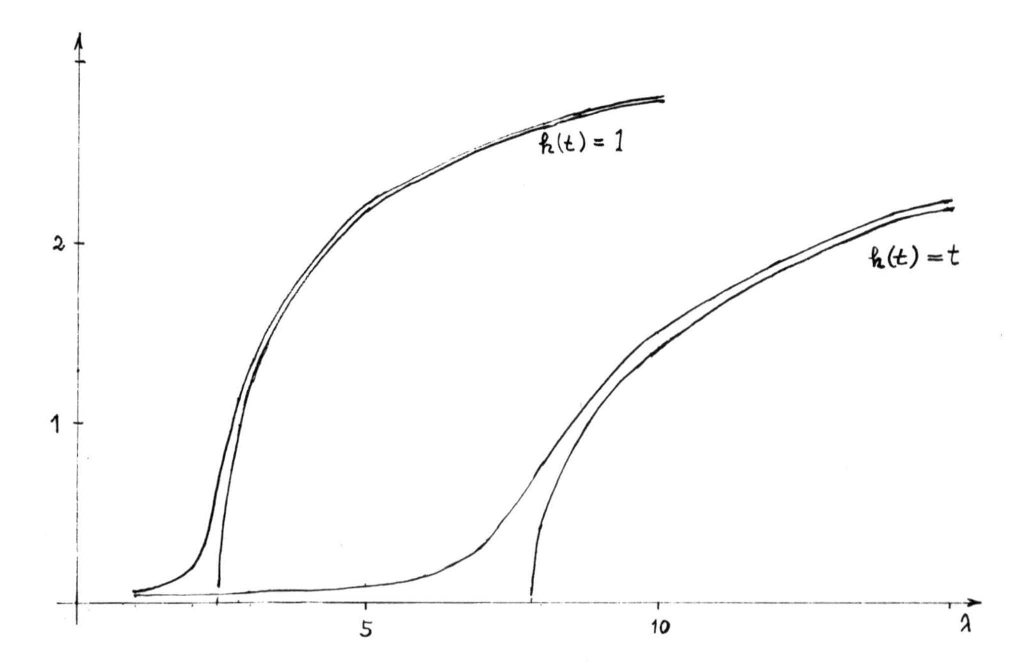

Frau D. Brunstering danke ich für die Unterstützung bei allen Rechnungen.

Literaturverzeichnis.

[1a] Beyn, W.-J., Das Parallelenverfahren für Operatorgleichungen und seine Anwendung auf nichtlineare Randwertaufgaben, ISNM 31, 9-33, (1976).

[1b] Beyn, W.-J., Zur Stabilität von Differenzenverfahren für Systeme linearer gewöhnlicher Randwertaufgaben, Numer. Math. 29, 209-226, (1978).

[1c] Beyn, W.-J., The exact order of convergence for finite difference approximations to ordinary boundary value problems. Erscheint demnächst in Math. Comp..

[2a] Bohl, E., Monotonie: Lösbarkeit und Numerik bei Operatorgleichungen, Springer Tracts in Natural Philosophy, Bd. 25, Springer-Verlag, Berlin,(1974).

[2b] Bohl, E., Zur Anwendung von Differenzenschemen mit symmetrischen Formeln bei Randwertaufgaben. ISNM 32, 25-47, (1976).

[2c] Bohl, E., Chord techniques and Newton's method for discrete bifurcation problems. Erscheint demnächst.

[2d] Bohl, E., Inverse monotonicity in the study of continuous and discrete singular perturbation problems. Erscheint demnächst in den Proceedings zur Tagung "The numerical analysis of singular perturbation problems", Academic Press.

[2e] Bohl, E., P-boundedness of inverses of nonlinear operators, ZAMM 58, 277-287, (1978).

[3] Bohl, E., Lorenz, J., Inverse monotonicity and difference schemes of higher order a summary for two-point boundary value problems. Erscheint demnächst in Aeq. Math..

[4] Bramble, J.H., Hubbard, B.E., New monotone type approximations for elliptic problems. Math. Comp. 18, 349-367, (1964).

[5a] Collatz, L., Bemerkungen zur Fehlerabschätzung für das Differenzenverfahren bei partiellen Differentialgleichungen, ZAMM 13, 56 - 57,(1933).

[5b] Collatz, L., Das Differenzenverfahren mit höherer Approximation, Schriften des mathematischen Seminars und des Instituts für Angewandte Mathematik Berlin Bd. 3, 1 - 34,(1935).

[5c] Collatz, L., Einschließungssatz für die charakteristischen Zahlen von Matrizen, Math. Z. 48, 221 - 226,(1940).

[5d] Collatz, L., Eigenwertaufgaben mit technischen Anwendungen, Akademische Verlagsgesellschaft Geest u. Portig K.G.,(1963).

[6] Esser, H., Stabilitätsungleichungen für Diskretisierungen von Randwertaufgaben gewöhnlicher Differentialgleichungen, Numer. Math. 28, 69 - 100,(1977).

[7] Grigorieff, R.D., Die Konvergenz des Rand- und Eigenwertproblems linearer gewöhnlicher Differenzengleichungen, Numer. Math. 15, 15 - 48, (1970).

[8] Isaacson, E., Keller, H.B., Analysis of numerical methods. New York: John Wiley and Sons, (1966).

[9] Keener, J.P., Keller, H.B., Perturbed bifurcation theory, Arch. Rational Mech. Anal. 50, 159 - 175, (1973).

[10a] Keller, H.B., Numerical methods for two-point boundary value problems, Blaisdell Publ. Comp., Massachusetts, Toronto, London,(1968).

[10b] Keller, H.B., Approximation methods for nonlinear problems with application to two point boundary value problems, Math. Comp. 29, 464 - 474, (1975).

[11] Kreiss, H.-O., Difference approximations for boundary and eigenvalue problems for ordinary differential equations, Math. Comp. 26, 605 - 624, (1972).

[12a] Lorenz, J., Die Inversmonotonie von Matrizen und ihre Anwendung beim Stabilitätsnachweis von Differenzenverfahren, Dissertation, Universität Münster, (1975).

[12b] Lorenz, J., Combinations of initial and boundary value methods for a class of singular perturbation problems. Erscheint demnächst.

[13] Mitchell, A.R., Griffiths, D.F., Generalized Galerkin methods for second order equations with significant first derivative terms, Numer. Anal. Rep. 22, Univ. of Dundee, Dep. Math., (1977).

[14] Rabinowitz, P.H., Applications of bifurcation theory, Academic Press, Inc. New York, San Francisco, London, (1977).

[15] Stummel, F., Diskrete Konvergenz linearer Operatoren, 1, Math. Ann. 190, 45- 92, (1970).

[16] Vainikko, G., Funktionalanalysis der Diskretisierungsmethoden, Teubner-Texte zur Mathematik, (1976).

NEUERE VERFAHREN ZUR BESTIMMUNG DER EIGENWERTE VON MATRIZEN

L. Elsner

1. EINLEITUNG

Wir werden in dieser Arbeit über einen Algorithmus zur Bestimmung aller Eigenwerte einer reellen Matrix berichten. Er ist im Rahmen der Theorie von Della Dora der einzige vernünftige Algorithmus neben dem QR-Algorithmus, wenn man sich auf Gruppen von Isometrien beschränkt. Es stellt sich heraus, daß er durchaus konkurrenzfähig zum QR-Algorithmus ist.

2. DIE THEORIE VON DELLA DORA

Wir umreißen kurz die Theorie von Della Dora [2], die davon ausgeht, daß QR- und LR-Algorithmus große formale Ähnlichkeit besitzen.
Sei $GL_n(R)$ die (multiplaktive) Gruppe der nichtsingulären reellen $n \times n$-Matrizen und T_n^+ die Gruppe der oberen Dreiecksmatrizen in $GL_n(R)$. Sei G eine Untergruppe von $GL_n(R)$, T eine Untergruppe von T_n^+ und

$$\Omega = GT = \{g\tau : g \in G, \tau \in T\} .$$

Es sei

(1) Ω offen in $GL_n(R)$, $\overline{\Omega} = GL_n(R)$, $G \cap T = \{I\}$.

(2) $G \cap T_n^+$ bestehe aus Diagonalmatrizen.

Dann existiert für fast alle $A \in GL_n(R)$ die eindeutige Zerlegung

$$A = g\tau , \quad g \in G , \quad \tau \in T$$

und es sei dabei

(3) $A \to g$ stetig.

Zu gegebenem A sei der Algorithmus

(4) $A_1 = A ; \quad A_i = g_i r_i , \quad A_{i+1} = r_i g_i \qquad i = 1,2,\ldots$

konstruierbar (d.h. $A_i \in \Omega$, $i = 1,2,\ldots$).
Sei A diagonalisierbar, $A = XDX^{-1}$, wobei gelte

$$X^{-1} \text{ besitzt LR-Zerlegung, } X \in \Omega .$$

Die Eigenwerte von A mögen verschiedene Beträge besitzen. Dann konvergiert die Folge der Diagonalelemente von A_i gegen die Eigenwerte von A.

3. BEISPIELE

Neben den Standardbeispielen $G = O_n$ = orthogonale Gruppe, $T = T_n^+$ mit positiver Diagonale bzw. G = untere Dreiecksmatrizen mit 1-er Diagonale, $T = T_n^+$, die zum QR- bzw. zum LR-Algorithmus führen, schlug Della Dora bereits die Verwendung der symplektischen Gruppe S vor:

Sei

$$J_1 = \begin{pmatrix} 0 & 1 \\ -1 & 0 \end{pmatrix}$$

und für $n = 2k$ gerade

$$J = \operatorname{diag}(J_1,\dots,J_1) = I_k \times J_1$$

wo I_k die k-dimensionale Einheitsmatrix und "$\times$" das Tensorprodukt bezeichnet.

S_{2k} ist die Gruppe der Isometrien bezüglich der alternierenden Bilinearform

$$(x,y)_J = x^T J y \quad ,$$

d.h.

$$S_{2k} = \{B \in GL_n(R) \mid (Bx,By)_J = (x,y)_J \text{ für alle } x,y \in R^n\}$$
$$= \{B \in GL_n(R) \mid B^T J B = J\} \; .$$

Aus den Ergebnissen des 5. Abschnitts in [3] läßt sich folgendes Resultat herleiten:

<u>Satz 1</u>

Sei G eine Gruppe von Isometrien bezüglich einer symmetrischen oder alternierenden nichtsingulären Bilinearform. Dann sind äquivalent

(1) GT_n^+ dicht in $GL_n(R)$

(2) $G = R\, O_n\, R^{-1}$ mit $R \in T_n^+$ oder
$n = 2k$ und $G = RS_{2k}R^{-1}$ mit $R \in T_n^+$.

Das zeigt, daß das einzige zusätzliche vernünftige Beispiel $G = S_{2k}$ ist, wenn man sich auf Isometrien beschränkt und von Ähnlichkeitstransformationen mit oberen Dreiecksmatrizen absieht.

Zur Diskussion von (1) (2) bemerkt man schnell, daß

$$B \in S_{2k} \cap T_{2k}^+ \Leftrightarrow B = \operatorname{diag}(B_i) \; , \quad B_i = \begin{pmatrix} a_i & c_i \\ 0 & a_i^{-1} \end{pmatrix} \; , \quad a_i \neq 0 \; .$$

Um eine eindeutige Zerlegung, d.h. $G \cap T = \{I\}$ zu erreichen, muß man S_{2k} oder T_{2k}^+ einschränken.

Zwei Möglichkeiten sind

(a) $\quad G = \hat{S}_{2k} = \{B \in S_{2k}\ ,\ \sum_{\nu=1}^{n} b_{i\nu} = 1\ ,\quad i = 1,\ldots,n\}\ ,\quad T = T_{2k}^{+}$.

(1) (2) sind erfüllt.

(b) $\quad G = S_{2k}\ ,\quad T = \{T \in T_{2k}^{+} \mid \begin{pmatrix} t_{2i+1,2i+1} & t_{2i+2,2i+1} \\ t_{2i+2,2i+1} & t_{2i+2,2i+1} \end{pmatrix} = \begin{pmatrix} \alpha_i & 0 \\ 0 & \pm\alpha_i \end{pmatrix}$,

$\alpha_i > 0\ ,\quad i = 0,\ldots,n-1\}$.

(1) ist erfüllt, (2) nicht.

4. ZUR NUMERISCHEN DURCHFÜHRUNG

Viele der besonderen Tricks, die zur schnellen Durchführung des QR-Algorithmus beitragen, lassen sich auch beim auf der Zerlegung

$$\Omega = \hat{S}_{2k} \cdot T_{2k}^{+}$$

beruhenden nunmehr SR-Algorithmus genannten Verfahren (4) anwenden.

(i) So ist evident, daß mit A_1 auch sämtliche A_i obere Hessenbergmatrizen sind.

(ii) Um die Zerlegung $A = s \cdot r \quad s \in S_{2k}\ ,\ r \in T_{2k}^{+}$ zu berechnen, multipliziert man A von vorn mit einfachen Matrizen aus S_{2k} , um so alle Elemente unter der Diagonalen zu eliminieren. Als einfache Matrizen wählt man Transvektoren der Form $I + vw^T$. Hier gilt

$$I + vw^T \in S_{2k} \Leftrightarrow \exists u \ \text{ mit } \ I + vw^T = I \pm uu^T J \ .$$

(iii) Man weiß, daß A eine Zerlegung

$$A = sr\ ,\quad s \in S_{2k}\ ,\quad r \in T_{2k}^{+}$$

genau dann zuläßt, wenn alle führenden Hauptabschnittsdeterminanten gerader Ordnung von $A^T JA$ nicht verschwinden [3, Thm. 11]. Daraus ersieht man, daß nur für endlich viele Werte $\kappa \in R$ die Matrix $A + \kappa I$ keine SR-Zerlegung zuläßt. Ein Zusammenbruch läßt sich also stets durch Shifts (sog. exzeptionelle Shifts) vermeiden.

(iv) Ebenso wie beim QR-Algorithmus dienen Einzel- und Doppelshifts zur Konvergenzbeschleunigung. Die Vermeidung komplexer Arithmetik im Falle konjugiert-komplexer Shifts ist möglich aufgrund des folgenden Satzes.

Satz 2

Sei A gegeben, S,T zwei Matrizen in $\hat{S}_{2k}$ mit gleicher erster Spalte, H_1,H_2 zwei obere Hessenbergmatrizen, wo mindestens eine unreduziert sei (alle Elemente der unteren Nebendiagonale $\neq 0$) und

$$AS = SH_1 \ , \quad AT = TH_2 \ .$$

Dann ist $S = T$, $H_1 = H_2$.

Zum Beweis benötigen wir das folgende Ergebnis:

Satz 3

Sind H_1 , H_2 zwei obere Hessenbergmatrizen, wo mindestens eine unreduziert ist und U eine nichtsinguläre Matrix mit erster Spalte $e_1 = (1,0,\dots,0)^T$ und

$$UH_1 = H_2U \ .$$

Dann ist U obere Dreiecksmatrix.

Der Beweis erfolgt dadurch, daß man durch Koeffizientenvergleich spaltenweise zeigt, daß die Elemente von U unter der Diagonale verschwinden.

Der Beweis von Satz 2 folgt nun aus der Beobachtung, daß $T^{-1}SH_1 = H_2T^{-1}S$ impliziert, daß $T^{-1}S \in \hat{S}_{2k} \cap T^{+}_{2k} = \{I\}$.

Das Vorgehen von Francis (siehe [5, p. 529]) kann ohne weiteres nachvollzogen werden. Dabei ist es nötig die folgenden Grundaufgaben zu lösen:

1. Zu $b \neq 0$ finde $S \in \hat{S}_{2k}$ mit $Sb = \kappa e_1$
2. Zu gegebener Matrix A finde $S \in \hat{S}_{2k}$, erste Spalte e_1 , so daß $S^{-1}AS$ obere Hessenbergmatrix ist.

Während 1. für $b_2 \neq 0$ mit einer Transvektion S leicht lösbar ist, ist 2. etwas mühevoller, da geradzahlige und ungeradzahlige Spalten bei der Elimination verschieden zu behandeln sind.

Es liegen einige numerische Erfahrungen vor, die im Rahmen einer Diplomarbeit von V. Mehrmann gewonnen worden sind [4].

Demnach benötigt der SR-Algorithmus meist etwas weniger Schritte als der QR-Algorithmus, wobei die Anzahl der Rechenoperationen pro Schritt jeweils etwa gleich sind.

Trotzdem ist der QR-Algorithmus noch schneller. Das scheint im wesentlichen daran zu liegen, daß der SR-Algorithmus etwas mehr Organisation verlangt, Deflation nur in Zweierschritten möglich ist und gelegentlich exzeptionelle Shifts nötig sind.

5. DER HR-ALGORITHMUS, EINE ERWEITERUNG

Ein zu Satz 1 analoges Ergebnis läßt sich ebenfalls aus [3] herleiten:

Satz 4

Sei J eine nichtsinguläre symmetrische Matrix, $(x,y)_J = x^T Jy$ und G_J die Gruppe der zugehörigen Isometrien $\{B: B^T JB = J\}$. Dann sind äquivalent

(1) $G_J T_n^+$ besitzt innere Punkte

(2) Es gibt eine Matrix $R \in T_n^+$, so daß $R^T JR$ eine Diagonalmatrix mit Diagonalelementen ± 1 ist.

Nach Satz 1 ist aber i.a. für

$$J \in J_p = \{\mathrm{diag}(\pm 1) \; ; \; p \text{ Diagonalelemente } -1\} \quad p \leq n/2$$

und $p \geq 1$ $G_J T_n^+$ nicht dicht in $GL_n(R)$, also "zu klein". Für $J_1, J_2 \in J_p$ sei

$$G_{J_1,J_2} = \{S: S^T J_1 S = J_2\}$$

d.h. die Menge aller Matrizen mit $(Sx,Sy)_{J_1} = (x,y)_{J_2}$.

Dann gilt das folgende Ergebnis, das im wesentlichen eine Umformulierung von [3, Thm. 9, 10] darstellt.

Satz 5

Sei $J_1 \in J_p$ und

$$\hat{G}_{J_1} = \bigcup_{J \in J_p} G_{J_1,J} \quad .$$

Dann gilt

(1) für $J_2, J_3 \in J_p$ ist

$$G_{J_1,J_2} T_n^+ \cap G_{J_1,J_3} T_n^+ \neq \emptyset \Leftrightarrow J_2 = J_3$$

(2) $\hat{G}_{J_1} T_n^+$ dicht in $GL_n(R)$

(3) $\hat{G}_{J_1} \cap T_n^+$ besteht aus Diagonalmatrizen.

Der sogenannte HR-Algorithmus, der etwa in [1] (siehe dort auch weitere Literatur) behandelt wird, beruht auf der Zerlegung $\hat{G}_{J_1} T_n^+$ für verschiedene, von Schritt zu Schritt wechselnde J_1. Seine besonderen Vorteile sind die Erhaltung der Pseudosymmetrie (A pseudosymmetrisch $\Leftrightarrow \exists\, J = \mathrm{diag}(\pm 1)$ mit $JA = (JA)^T$) und damit die Erhaltung der Form betragssymmetrischer Tridiagonalmatrizen.

LITERATUR

[1] A. Bunse-Gerstner: Der HR-Algorithmus zur numerischen Bestimmung der Eigenwerte einer Matrix.
Dissertation, Bielefeld, 1978.

[2] J. Della Dora: Numerical linear algorithms and group theory.
Linear Algebra and Applications 10, 267-283, 1973.

[3] L. Elsner: On some algebraic problems in connection with general eigenvalue algorithms.
To appear in Linear Algebra and Applications.

[4] V. Mehrmann: Der SR-Algorithmus.
Diplomarbeit, Bielefeld, 1979.

[5] J.H. Wilkinson: The algebraic eigenvalue problem.
Clarendon Press, Oxford, 1967.

Optimal Error Estimates for Linear Operator Equations

W. Krabs

1. General Principles for Obtaining Error Estimates

We consider linear operator equations of the so called second kind which are of the form

$$x-Kx=(I-K)x=y \tag{1.1}$$

where K is a continuous linear operator mapping a Banach space X into itself and $I:X\to X$ denotes the identical mapping. We assume that the inverse $(I-K)^{-1}$ of $(I-K)$ exists on X and is continuous so that for each choice of $y\in X$ the equation (1.1) has a unique solution $x\in X$.

1.1. Defect Estimates

In order to obtain approximate solutions of (1.1) we consider a finite dimensional subspace V of X and take the elements $w=y+v$, $v\in V$, as approximations of the unknown solution x of (1.1). If we insert w into (1.1), we obtain the so called defect of w as

$$w-Kw-y=v-Kv-Ky. \tag{1.2}$$

Insertion of y from (1.1) into this equation leads to

$$(I-K)(w-x)=v-Kv-Ky \tag{1.3}$$

and gives rise to the error estimate

$$\|w-x\| \le \|(I-K)^{-1}\| \|v-Kv-Ky\| . \tag{1.4}$$

This in turn suggests, in order to obtain a good approximation of x, to choose $\hat{v}\in V$ such that

$$\|\hat{v}-K\hat{v}-Ky\| \le \|v-Kv-Ky\| \text{ for all } v\in V \tag{1.5}$$

and to take $\hat{w}=y+\hat{v}$ as an "optimal approximation" of x in y+V. Since (I-K)(V) is also a finite dimensional subspace of X the existence of an element $v\in V$ with (1.5) is guaranteed by a well known result of the approximation theory in normed linear spaces. This way of obtaining optimal approximate solutions of (1.1) was, for instance, investigated by Barrodale and Young in [2] where applications to linear integral and differential equations are given with numerical examples. In addition to (1.4) also lower bounds for $\|w-x\|$ are considered there which are of the form

$$\frac{\|v-Kv-Ky\|}{1+\|K\|} \leq \|w-x\|$$

and can be easily derived from (1.3) (in this connection see also [3]).

1.2. Operator Estimates

Let A be a family of continuous linear operators $L:X\to X$ such that for each $L\in A$ the inverse $(I-L)^{-1}$ exists on X and is continuous so that there exists a unique solution w of

$$w-Lw=(I-L)w=y \tag{1.6}$$

which in addition is assumed to be easily computable. The elements of A are taken as approximations of K and, consequently, the corresponding solutions of (1.6) as approximations of the solution x of (1.1). The defect (1.2), for each solution $w\in X$ of (1.6), is given by

$$w-Kw-y=(L-K)w$$

and from (1.2),(1.6) we obtain the error estimate

$$\begin{aligned} \|w-x\| &\leq \|(I-K)^{-1}\| \|L-K\| \|w\| \\ &\leq \|(I-K)^{-1}\| \|(I-L)^{-1}\| \|L-K\| \|y\| . \end{aligned} \tag{1.7}$$

If, furthermore, the norms $\|(I-L)^{-1}\|$ for all $L\in A$ are uniformly bounded then (1.7) suggests that, in order to obtain a good approximation $\hat{w}$ of the solution x of (1.1), one should choose $\hat{L}\in A$ such that

$$\|\hat{L}-K\| \leq \|L-K\| \text{ for all } L\in A \tag{1.8}$$

and take $\hat{w}$ as the solution of (1.6) for $L=\hat{L}$.

Sometimes it is possible to choose A as a closed convex subset of a finite dimensional linear subspace of the space of all continuous linear mappings of X into itself in which case, by well known results in approximation theory, (1.8) is solvable. A detailed description of such a situation is given in [3]with an application to integral equations.

1.3. Combined Estimates

In order to obtain good results in the Sections 1.1 and 1.2 the subspace V of X and the family A of continuous linear operators on X have to provide good approximations of the solution x of (1.1) and of K, respectively. In many cases it is possible to find finite dimensional spaces of continuous linear operators on X which yield approximations of K that become as well as desired, if the dimension is chosen sufficiently high. However, it is frequently difficult to guarantee all the requirements on the set A in Section 1.2 and even, if this is possible, the solution of (1.8) may turn out to be very cumbersome. So the question arises whether it is possible to combine the approximation of K by elements $L\in A$ with the minimization (1.5) of the defect for suitable approximate solutions of (1.1). In order to obtain an affirmative answer we assume that there exists a finite dimensional subspace V of X such that

$$V=\bigcup_{L\in A} L(X) \tag{1.9}$$

which frequently occurs in applications. Then each possible solution of (1.6) for a given $L\in A$ is of the form $y+v$ with an appropriate element $v\in V$ given by (1.9) and we are in the situation of Section 1.1. So optimal approximations of the solution (1.1) in $y+V$ can again be obtained by solving the approximation problem (1.5).

If A^* consists of all $L\in A$ such that $(I-L)^{-1}$ exists on X and is continuous and if for each $L\in A^*$ the element $w\in X$ is the corresponding solution of (1.6), then by (1.5) we have

$$\|\hat{v}-K\hat{v}-Ky\|\leq\|Lw-KLw-Ky\|=\|(L-K)w\|, \tag{1.1o}$$

hence, by (1.4) for $w=\hat{w}=y+\hat{v}$,

$$\begin{aligned}\|\hat{w}-x\|&\leq\|(I-K)^{-1}\|\,\|\hat{v}-K\hat{v}-Ky\|\\&\leq\|(I-K)^{-1}\|\,\|L-K\|\,\|w\|.\end{aligned} \tag{1.11}$$

So the solution of (1.5) with V given by (1.9) leads to a better error estimate than the solution of (1.8) with A^* instead of A in connection with the solution of (1.6) and the estimate (1.7).

1.4. Remarks on Convergence

Let (A_n) be a sequence of subsets of the space of all continuous linear mappings from X into X and let (A_n^*) be the corresponding sequence of subsets A_n^* of A_n consisting of all $L \in A_n$ such that $(I-L)^{-1}$ exists on X and is continuous. Further we assume the existence of a sequence $(L_n), L_n \in A_n$ for each n, such that

$$L_n \to K \text{(pointwise) and } \|(L_n-K)L_n\| \to o. \tag{1.12}$$

Then, by Theorem 1.1o in [1], for n sufficiently large it follows that $L_n \in A_n^*$. Let $w_n \in X$ be the corresponding solution of

$$w_n - L_n w_n = (I-L_n) w_n = y. \qquad (1.6)_n$$

If, for each n, we put

$$\delta_n = \|(I-K)^{-1}\| \, \|(L_n-K)L_n\| ,$$

then we can assume in addition to $L_n \in A_n^*$ that $\delta_n < 1$ since by (1.12) we have $\delta_n \to o$. Under this assumption it is possible to conclude that for $v_n - w_n - y$ the following inequality holds

$$\|(I-K)^{-1}\| \, \|v_n - Kv_n - Ky\| \leq (1-\delta_n)^{-1} (\|(I-K)^{-1}\| \, \|Ky - L_n y\| + \delta_n \|x\|)$$

where again $x \in X$ is the solution of (1.1). This, in connection with (1.12), implies that

$$\lim_{n\to\infty} \|(I-K)^{-1}\| \, \|v_n - Kv_n - Ky\| = o. \tag{1.13}$$

If we put $w = w_n$ and $v_n = w_n - y$ in (1.4), then it follows that

$$\lim_{n\to\infty} \|w_n - x\| = o. \tag{1.14}$$

For each n we assume the existence of an n-dimensional linear subspace V_n of X such that

$$V_n = \bigcup_{L \in A_n} L(X). \qquad (1.9)_n$$

If, for each n, $\hat{v}_n \in V_n$ is chosen such that

$$\|\hat{v}_n - K\hat{v}_n - Ky\| \leq \|v - Kv - Ky\| \quad \text{for all } v \in V_n \tag{1.5$_n$}$$

then for $\hat{w}_n = y + \hat{v}_n$ we have by (1.4)

$$\|\hat{w}_n - x\| \leq \|(I-K)^{-1}\| \, \|\hat{v}_n - K\hat{v}_n - Ky\|$$

and because of $v_n = w_n - y = L_n w_n \in V_n$ we obtain from $(1.5)_n$ and (1.13) that

$$\lim_{n\to\infty} \|\hat{w}_n - x\| = 0 \tag{1.15}$$

as well.

2. Application to Linear Integral Equations of the Second Kind

2.1. Approximate Solution by Using Quadrature Formulas

Let $X = C[0,1]$ provided with the maximum norm, $y \in C[0,1]$ a given function, and $K: X \to X$ defined by

$$Kx(t) = \int_0^1 k(t,s)x(s)ds, \quad t \in [0,1], \tag{2.1}$$

where $k \in C([0,1] \times [0,1])$ is such that $(I-K)^{-1}$ exists on X and is continuous which is, for instance, the case when

$$\max_{t \in [0,1]} \int_0^1 |k(t,s)| ds < 1.$$

The equation (1.1) is then a Fredholm integral equation of the second kind and is uniquely solvable for each choice of y.

In order to obtain approximate solutions of (1.1) we apply the well known quadrature rule method, i.e., we replace K by linear operators of the form

$$Lx(t) = \sum_{j=1}^{n} w_j k(t,s_j) x(s_j), \quad t \in [0,1], \tag{2.2}$$

where $w_j > 0$ for $j=1,\ldots,n$ are given "weights" and $0 \leq s_1 < \ldots < s_n \leq 1$ are given "nodes" of a corresponding quadrature formula. If we define

$$V = \{ v(\cdot) = \sum_{j=1}^{n} c_j k(\cdot, s_j) \mid c_1, \ldots, c_n \in R \}, \tag{2.3}$$

then (1.9) holds for A consisting of all continuous linear

operators $L:X\to X$ of the form (2.2) with a fixed set $\{s_1,\dots,s_n\}$ of nodes and variable weights $w_j>o, j=1,\dots,n$. So we can proceed as described in Section 1.3.
If we put

$$u_j(t)=k(t,s_j)-\int_o^1 k(t,s)k(s,s_j)ds,\ t\in[o,1],$$

for $j=1,\dots,n$, then the approximation problem (1.5) amounts to minimizing

$$\max_{t\in[o,1]} \left|\sum_{j=1}^{n} c_j u_j(t)-\int_o^1 k(t,s)y(s)ds\right|$$

by a suitable choice of $c_1,\dots,c_n\in R$. This is a problem of uniform linear approximation of functions. The most common way of solving this approximately is by discretization and application of linear programming techniques. If $\hat{c}_1,\dots,\hat{c}_n\in R$ is a solution, then

$$\hat{w}(t)=\hat{y}(t)+\sum_{j=1}^{n}\hat{c}_j u_j(t),\ t\in[o,1],$$

is taken as approximation of the unknown solution x of (1.1). The corresponding error estimation (1.11) is optimal in the sense of (1.5) which means that the defect of $\hat{w}$ is minimal in the linear manifold y+V which contains all possible solutions of approximating equations (1.6) with L given by (2.2) for a fixed set $\{s_1,\dots,s_n\}$ of nodes.

If the nodes and weights in (2.2) are chosen such that

$$\lim_{n\to\infty}\sum_{j=1}^{n} w_j^n f(s_j^n)=\int_o^1 f(s)ds \text{ for all } f\in C[o,1], \tag{2.4}$$

then the corresponding operators

$$L_n x(t)=\sum_{j=1}^{n} w_j^n k(t,s_j^n)x(s_j^n),\ t\in[o,1], \qquad (2.3)_n$$

satisfy (1.12) (see [1]). Therefore all the convergence statements of Section 1.4 apply, if the sequence (A_n) is chosen such that each A_n consists of all operators L_n of the form $(2.3)_n$ for a fixed set $\{s_1^n,\dots,s_n^n\}$ of nodes and variable weights $w_j^n>o, j=1,\dots,n$, for each n and that (2.4) holds for at least one sequence $(w_1^n,\dots,w_n^n)$. This is always possible.

2.2. Approximate Solution by Using Degenerate Kernels.

Let $X=L_2[o,1]$ provided with the Euclidean Norm, $y \in L_2[o,1]$ a given function, and $K:X \to X$ defined by (2.1) where $k \in L_2([o,1]\times[o,1])$ is such that $(I-K)^{-1}$ exists on X and is continuous which, for instance, is guaranteed by

$$\left(\int_o^1 \int_o^1 k(t,s)^2 ds dt\right)^{1/2} < 1.$$

Again the equation (1.1) is a Fredholm integral equation of the second kind which is uniquely solvable for each choice of y.

In order to obtain approximate solutions of (1.1) we choose a linearly independent sequence (v_j) of functions $v_j \in L_2[o,1]$ and replace K by operators of the form

$$Lx(t) = \sum_{j,k=1}^{n} l_{jk} \int_o^1 v_k(s)x(s)ds\, v_j(t), \quad t \in [o,1], \tag{2.5}$$

where (l_{jk}) is a given real $n\times n$-matrix. If we define

$$V = \{v = \sum_{j=1}^{n} c_j v_j \mid c_1,\dots,c_n \in R\}, \tag{2.6}$$

then again (1.9) holds for A consisting of all continuous linear operators $L:X \to X$ of the form (2.5) with a variable real $n\times n$ - matrix (l_{jk}). We proceed as described in Section 1.3 and put

$$u_j(t) = v_j(t) - \int_o^1 k(t,s)v_j(s)ds, \quad t \in [o,1], \tag{2.7}$$

for $j=1,\dots,n$. Then the approximation problem (1.5) consists of minimizing

$$\left(\int_o^1 \left(\sum_{j=1}^{n} c_j u_j(t) - \int_o^1 k(t,s)y(s)ds\right)^2 dt\right)^{1/2} \tag{2.8}$$

by suitable choosing $c_1,\dots,c_n \in R$ which is a common least squares problem. The above assumption on K(2.1) guarantees that the u_j's in (2.7) are linearly independent so that (2.8) has exactly one minimal point $(c_1,\dots,c_n) = (\hat{c}_1,\dots,\hat{c}_n)$ which is the unique solution of the corresponding linear system of normal equations. Again

$$\hat{w}(t) = y(t) + \sum_{j=1}^{n} \hat{c}_j u_j(t), \quad t \in [o,1],$$

is taken as an approximation of the unknown solution x of (1.1) and the defect of $\hat{w}$ is minimal in the linear manifold y+V which contains all possible solutions of approximating equations (1.6) with L given by (2.5).

If the sequence (v_j) is chosen such that

$$\lim_{n\to\infty} \int_o^1\int_o^1 \Big(\sum_{j,k=1}^{n} l_{jk}^n v_j(t)v_j(s)-k(t,s)\Big)^2 dsdt=o \tag{2.9}$$

for an appropriate sequence $((l_{jk}^n))$ of real n×n-matrices, then the corresponding operators

$$L_n x(t)=\sum_{j,k=1}^{n} l_{jk}^n \int_o^1 v_k(s)x(s)ds\, v_j(t),\ t\in[o,1], \qquad (2.5)_n$$

satisfy

$$\lim_{n\to\infty} \| L_n-K\|=o$$

which implies (1.12). Therefore all the convergence statements of Section 1.4 apply, if the sequence (A_n) is chosen such that each A_n consists of all operators L_n of the form $(2.5)_n$ with variable matrices (l_{jk}^n) where (2.9) holds for some sequence $((l_{jk}^n))$.

If in particular (v_j) can be chosen as an orthonormal sequence of eigenfunctions of K, then, for each $A=A_n$, the solution of (1.8) and (1.6) for $L=\hat{L}$ leads to the same approximate solution $\hat{w}$ of x as the minimization of (2.8). So in this case the two procedures for obtaining "optimal approximations" of x as described in the Sections 1.3 and 1.4 lead to the same result.

In general the procedure of Section 1.4 is to be preferred because it yields better error estimates with less effort.
We conclude with a simple example which is also treated in [2]. Let

$$k(t,s)=\begin{cases} t(1-s) & \text{for } o\le t\le s\le 1,\\ s(1-t) & \text{for } o\le s\le t\le 1,\end{cases}$$

and $y(t)=t^2, t\in[o,1]$. The normalized eigenfunctions of the integral operator (2.1) are well known in this case and are given by

$$v_j(t)=\sqrt{2}\sin j\pi t,\ t\in[o,1],\ j=1,2,\ldots$$

where the corresponding eigenvalues read

$$\lambda_j=\frac{1}{(j\pi)^2},\ j=1,2,...$$

So the functions u_j in (2.7) can be expressed as

$$u_j(t)=(1-\lambda_j)v_j(t),\ j=1,2,...$$

and the vector $(\hat{c}_1,...,\hat{c}_n)$ which minimizes (2.8) can be directly computed in the form

$$\hat{c}_j=\frac{\lambda_j}{1-\lambda_j}\int_0^1 s^2 v_j(s)ds,\ j=1,2,...$$

The minimal value of (2.8) is given by

$$\rho_n=\|\sum_{j=1}^n \hat{c}_j u_j-Ky\|$$

$$=\left(\int_0^1\left(\int_0^1 k(t,s)s^2ds\right)^2dt-\sum_{j=1}^n \hat{c}_j^2(1-\lambda_j)^2\right)^{1/2}.$$

The norm of K(2.1) can be easily computed as

$$\|K\|=\left(\int_0^1\int_0^1 k(t,s)^2dsdt\right)^{1/2}=\frac{1}{\sqrt{90}}$$

so that for

$$\hat{w}(t)=t^2+\sqrt{2}\sum_{j=1}^n \hat{c}_j\sin j\pi t$$

the first error estimate of (1.11) yields

$$\|\hat{w}-x\|\le\|(I-K)^{-1}\|\rho_n\le\frac{1}{1-\|K\|}\rho_n=\frac{\sqrt{90}}{\sqrt{90}-1}\rho_n$$

Numerical results are listed in the following table.

n	$\hat{c}_n$	ρ_n	$(1-\|K\|)^{-1}\rho_n$
1	0.030183	0.0059850	0.0066902
2	-0.005849	0.0018207	0.0020352
3	0.001632	0.0008438	0.0009432
4	-0.000717	0.0004604	0.0005146

References

[1] Anselone,Ph.M.: Collectively Compact Operator Approximation Theory. Prentice-Hall, Inc., Englewood Cliffs, New Jersey 1971.

[2] Barrodale,J. and A.Young: Computational Experience in Solving Linear Operator Equations Using the Chebychev Norm. In: Numerical Approximation to Functions and Data, edited by J.G.Hayes, The Athlone Press, London 1970.

[3] Krabs,W.: Optimierung und Approximation. Teubner-Verlag, Stuttgart 1975.

DUALITÄT UND STABILITÄT

Frank Lempio

1. Problemstellung

In diesem Vortrag soll eine grundlegende Fragestellung aus der Optimierungstheorie unter geometrischen und funktionalanalytischen Gesichtspunkten diskutiert werden. Bevor wir diese Fragestellung formulieren können, müssen wir einige Hilfsmittel bereitstellen. In Anbetracht der Kürze der zur Verfügung stehenden Zeit beschränken wir uns auf das Allernotwendigste.

X und Ω seien reelle BANACH-Räume, und $f : X \times \Omega \to \overline{\mathbb{R}}$ sei konvex. $\overline{\mathbb{R}} := \mathbb{R} \cup \{\infty\} \cup \{-\infty\}$ ist hier der in üblicher Weise erweiterte Körper der reellen Zahlen, und f ist definitionsgemäß genau dann konvex, wenn der Epigraph von f,

$$\text{epi } f := \{(x,r) \in X \times \mathbb{R} : f(x) \leq r\},$$

konvex ist.

Für jedes feste $\omega \in \Omega$ betrachten wir das folgende Optimierungsproblem

(P_ω) Minimiere $f(x,\omega)$ unter der Nebenbedingung $x \in X$!

Auf diese Weise erhalten wir eine Schar $(P_\omega)_{\omega\in\Omega}$ konvexer Optimierungsprobleme mit Scharparameter ω und Parameterraum Ω. Im folgenden interpretieren wir das Problem (P_0), das wir erhalten, wenn wir das Nullelement 0 von Ω als Parameterwert wählen, als Ausgangsproblem oder ungestörtes Problem. Solche Einbettungen des Ausgangsproblems in eine ganze Schar von Problemen erhält man auf ganz natürliche Weise durch Störung des Ausgangsproblems in der Zielfunktion oder in den Restriktionen. Man beachte hierbei, daß das Problem (P_ω) nur formal unrestringiert aussieht. Die Menge

$$\Sigma(\omega) \coloneqq \mathrm{dom}\, f(\cdot,\omega) \coloneqq \{x \in X : f(x,\omega) < \infty\},$$

auch Domäne oder eigentlicher Definitionsbereich von $f(\cdot,\omega)$ genannt, ist nämlich der für die Zielfunktion $f(\cdot,\omega)$ von (P_ω) allein interessante Bereich. Dementsprechend heißt $\Sigma(\omega)$ auch Menge der zulässigen Punkte von (P_ω) und jedes $x \in \Sigma(\omega)$ zulässig für (P_ω).

Die Minimalwertfunktion

$$\varphi : \Omega \to \overline{\mathbb{R}}$$

ist definiert durch

$$\varphi(\omega) \coloneqq \inf \{f(x,\omega) : x \in \Sigma(\omega)\}$$

für alle $\omega \in \Omega$. Dabei ist $\inf \emptyset \coloneqq \infty$ und $\inf A \coloneqq -\infty$, falls $-\infty \in A$ oder $A \subset \mathbb{R}$ nicht nach unten beschränkt ist.

Jedes stetige lineare Funktional ℓ auf Ω, d. h. jedes Element des topologischen Dualraumes Ω' von Ω mit

$$\varphi(0) + \ell(\omega) \leq \varphi(\omega) \qquad (\omega \in \Omega)$$

heißt Subgradient von φ in 0, und die Menge

$$\partial\varphi(0)$$

aller Subgradienten von φ in 0 heißt Subdifferential von φ in 0.

Mit den bereitgestellten Begriffen sind wir in der Lage, die Frage zu formulieren, die wir in diesem Vortrag diskutieren wollen:

Welche Bedingungen sind notwendig und welche Bedingungen sind hinreichend dafür, daß $\partial\varphi(0)$ nichtleer und beschränkt ist?

Einige triviale Fälle erledigen wir vorweg:

Ist $\varphi(0) = -\infty$, m. a. W. ist (P_0) zwar zulässig, aber nicht nach unten beschränkt, so ist offenbar $\partial\varphi(0) = \Omega'$ nichtleer, aber nicht beschränkt.

Ist $\varphi(0) = +\infty$, m. a. W. ist (P_0) nicht zulässig, so ist $\partial\varphi(0) = \emptyset$, falls irgendeines der gestörten Probleme (P_ω) zulässig ist, oder es ist $\partial\varphi(0) = \Omega'$ nichtleer, aber unbeschränkt, falls alle Probleme (P_ω) nicht zulässig sind.

Alle diese Fälle sind völlig uninteressant, und wir nehmen daher im folgenden stets an, daß der Minimalwert $\varphi(0)$ des Ausgangsproblems (P_0) endlich ist.

2. Problemhintergrund

Zunächst wollen wir die Bedeutung der obigen Fragestellung unter stärkerer Betonung ihres geometrischen Aspekts erläutern.

Ihre Bedeutung für das Stabilitätsverhalten von φ in 0 ist offensichtlich, was besser als durch viele Worte an Hand von Fig. 1 und Fig. 2 klar wird.

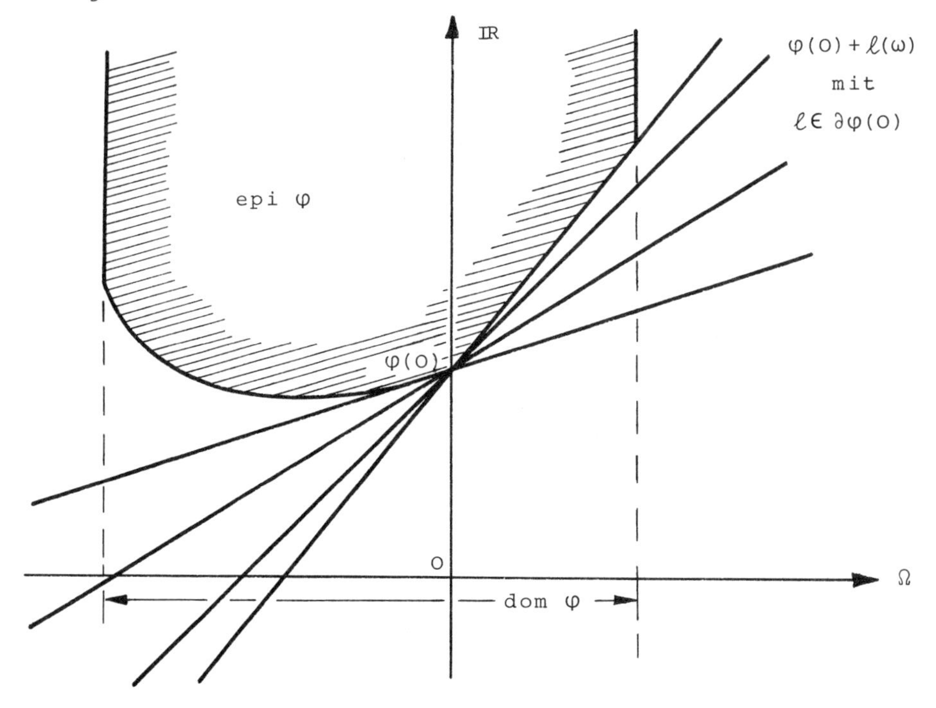

Fig. 1 : $\partial\varphi(0) \neq \emptyset$ und beschränkt

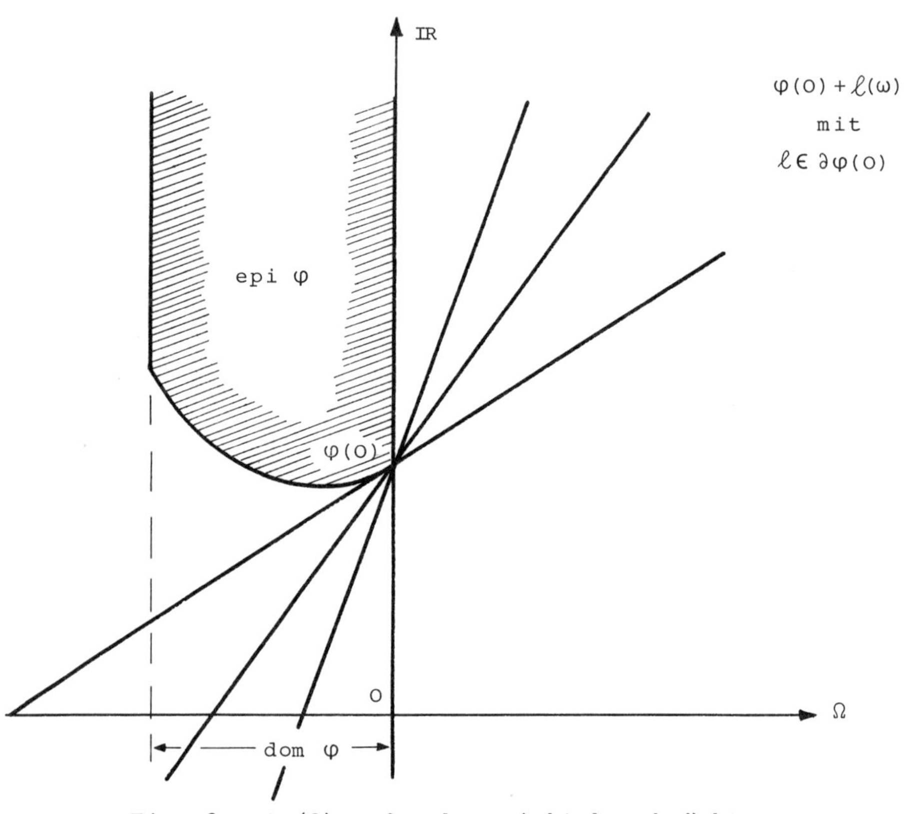

Fig. 2 : $\partial\varphi(0) \neq \emptyset$, aber nicht beschränkt

Ähnlich wichtig und eng mit dem Stabilitätsverhalten von φ verknüpft ist die <u>dualitätstheoretische</u> <u>Bedeutung</u> unserer Fragestellung, wie wir kurz ausführen wollen.

Dem ungestörten Optimierungsproblem (P_0) läßt sich vermöge seiner Einbettung in die Problemschar $(P_\omega)_{\omega\in\Omega}$ ein <u>Dualproblem</u> (D) zuordnen, das von der Wahl der Einbettung abhängt, vergleiche hierzu ROCKAFELLAR [9] und LAURENT [4]. Verzichtet man auf die Einführung konjugierter Funktionale, so läßt sich dieses Dualproblem geometrisch folgendermaßen interpretieren:

Bestimme unter allen abgeschlossenen Hyperebenen in $X \times \Omega \times \mathbb{R}$, die parallel zu X, nicht parallel zu $\mathbb{R}$ und unterhalb des Epigraphen von f verlaufen, diejenigen, deren Schnittpunkt mit der reellen Achse am höchsten liegt!

Bevor wir diese Formulierung präzisieren, wollen wir sie in Fig. 3 veranschaulichen.

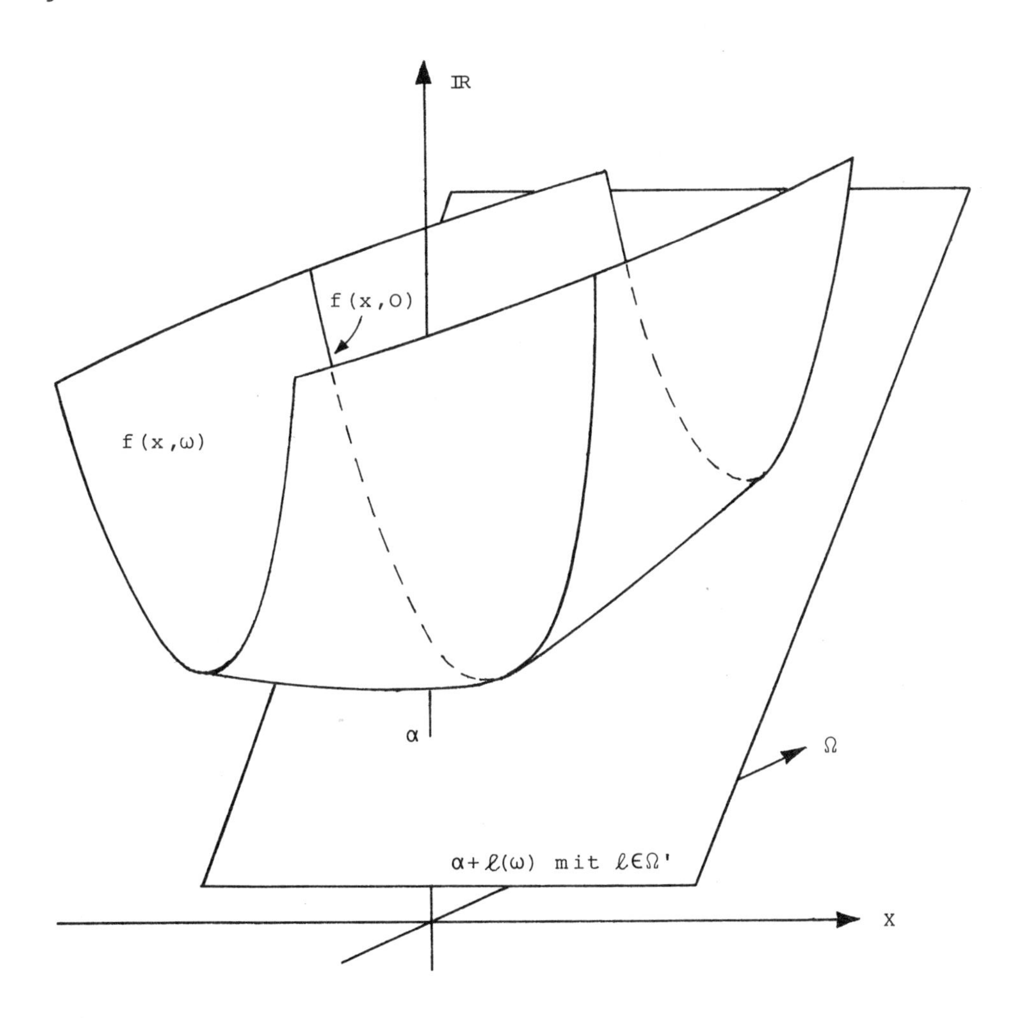

Fig. 3

Präzise, aber weniger anschaulich lautet dieses Dualproblem:

(D) Maximiere α unter den Nebenbedingungen
$\alpha \in \mathbb{R}$, $\ell \in \Omega'$ und
$\alpha + \ell(\omega) \leqslant f(x,\omega)$ für alle $x \in X$, $\omega \in \Omega$!

Äquivalent hierzu ist:

(D) Maximiere α unter den Nebenbedingungen
$\alpha \in \mathbb{R}$, $\ell \in \Omega'$ und
$\alpha + \ell(\omega) \leqslant \varphi(\omega)$ für alle $\omega \in \Omega$!

Diese Form des Dualproblems läßt sich ebenfalls geometrisch interpretieren:

Bestimme unter allen abgeschlossenen Hyperebenen in $\Omega \times \mathbb{R}$, die nicht parallel zu $\mathbb{R}$ und unterhalb des Epigraphen von φ verlaufen, diejenigen, deren Schnittpunkt mit der reellen Achse am höchsten liegt!

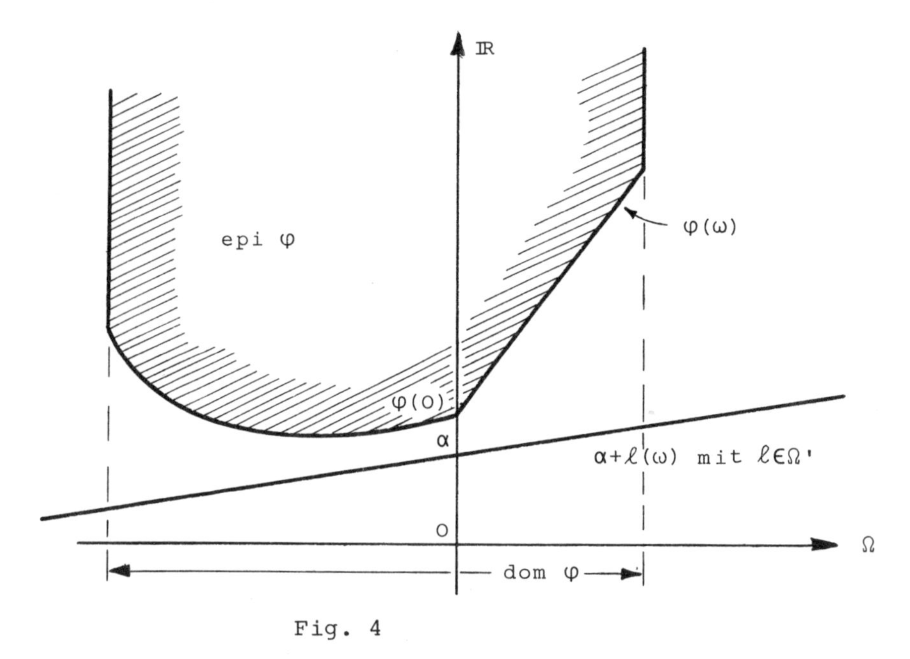

Fig. 4

Fig. 4 erhält man gerade durch Projektion von Fig. 3 auf die $\Omega \times \mathbb{R}$-Ebene. Dadurch geht natürlich Information verloren, aber die dualitätstheoretische Bedeutung unserer Fragestellung wird klarer, vergl. hierzu auch Fig. 1 :

Offenbar ist jedes $\ell \in \partial\varphi(0)$ Optimallösung des Dualproblems (D), und es liegt, falls der Minimalwert $\varphi(0)$ von (P_0) gleich dem Maximalwert von (D) ist, auch jede duale Optimallösung in $\partial\varphi(0)$.

Nebenbei bemerkt besticht der oben skizzierte Zugang zur Dualitätstheorie nicht nur durch seinen störungstheoretischen Aspekt, mit ihm lassen sich auch durch geeignete Wahl der Einbettung die meisten bekannten Dualprobleme herleiten. Die Frage, welche Bedingungen notwendig und welche Bedingungen auch hinreichend dafür sind, daß $\partial\varphi(0)$ nichtleer und beschränkt ist, ist also auch dualitätstheoretisch von großer Bedeutung.

Abschließend wollen wir noch kurz skizzieren, welche Bedeutung diese Fragestellung im Zusammenhang mit notwendigen Optimalitätsbedingungen für differenzierbare Optimierungsprobleme hat.

Seien dazu X, Y reelle BANACH-Räume, $C \subset X$, $K \subset Y$ nichtleere, abgeschlossene, konvexe Mengen und $s : X \to \mathbb{R}$, $h : X \to Y$ Abbildungen. Damit lautet das im folgenden betrachtete Optimierungsproblem:

(P) Minimiere $s(x)$ unter den Nebenbedingungen
$x \in C$ und $h(x) \in K$!

Sei x_o eine Optimallösung von (P) und s differenzierbar, h stetig differenzierbar in x_o im FRÉCHETschen Sinne. Die FRÉCHET-Ableitung von s bzw. h in x_o bezeichnen wir mit $s'(x_o)$ bzw. $h'(x_o)$. Durch Linearisierung in x_o erhält man das folgende lineare Optimierungsproblem:

($\hat{P}_o$) Minimiere

$$s(x_o) + s'(x_o)(x-x_o)$$

unter den Nebenbedingungen $x \in C$ und

$$h(x_o) + h'(x_o)(x-x_o) \in K\,!$$

Definiert man nun

$$\hat{f}(x,\omega) = s(x_o) + s'(x_o)(x-x_o)\,,$$

falls $h(x_o) + h'(x_o)(x-x_o) + \omega \in K$ und $x \in C$,

$$\hat{f}(x,\omega) = \infty \text{ sonst} \qquad (x \in X,\ \omega \in Y)\,,$$

so erhält man eine Einbettung des Problems ($\hat{P}_o$) in die Problemschar

($\hat{P}_\omega$) Minimiere $\hat{f}(x,\omega)$ unter der
Nebenbedingung $x \in X$!

Hierbei handelt es sich gerade um die bekannte Standardstörung von $(\hat{P}_o)$, Parameterraum ist der Bildraum Y von h. $\hat{\varphi}$ sei die zugehörige Minimalwertfunktion. Als Dualproblem von $(\hat{P}_o)$ bezüglich dieser Einbettung erhält man:

$(\hat{D})$ Maximiere

$$s(x_o) + \inf_{x \in C} (s'(x_o) + \ell h'(x_o))(x-x_o) + \inf_{y \in K} \ell(h(x_o)-y)$$

unter der Nebenbedingung $\ell \in Y'$!

Offenbar gilt für den Minimalwert w_P des differenzierbaren Problems (P), den Minimalwert $w_{\hat{P}_o}$ des linearisierten Problems $(\hat{P}_o)$ und den Maximalwert $w_{\hat{D}}$ des Dualproblems $(\hat{D})$

$$w_{\hat{D}} \leqslant w_{\hat{P}_o} = \hat{\varphi}(0) \leqslant w_P = s(x_o) ,$$

da x_o Optimallösung von (P) ist. Hieraus erkennt man unmittelbar die fundamentale Bedeutung derjenigen Funktionale $\ell \in Y'$, die der Zielfunktion von $\hat{D}$ den Wert $s(x_o)$ erteilen, was wegen $x_o \in C$, $h(x_o) \in K$ gleichbedeutend ist mit

$$(s'(x_o) + \ell h'(x_o))(x-x_o) \geqslant 0 \qquad (x \in C) ,$$
$$\ell(y-h(x_o)) \leqslant 0 \qquad (y \in K) .$$

Funktionale mit diesen beiden Eigenschaften nennt man auch <u>LAGRANGE-Funktionale</u> für die Optimallösung x_o von (P). Sie sind optimal für $(\hat{D})$, und, falls überhaupt solch ein Funktional existiert, gilt

$$w_{\hat{D}} = w_{\hat{P}_o} = w_P = s(x_o) .$$

Auf Grund der schon erkannten dualitätstheoretischen Bedeutung von $\partial\hat{\varphi}(0)$ erhalten wir also:

<u>Jedes LAGRANGE-Funktional für die Optimallösung</u> x_o <u>von</u> (P) <u>liegt in</u> $\partial\hat{\varphi}(0)$.

Ist nun andererseits $\ell \in \partial\hat{\varphi}(0)$ gegeben, so wissen wir ebenfalls auf Grund der dualitätstheoretischen Bedeutung von $\partial\hat{\varphi}(0)$ bereits, daß ℓ optimal für $(\hat{D})$ ist und daß gilt

$$w_{\hat{D}} = w_{\hat{P}_o} \leqslant w_P = s(x_o) .$$

Hieraus folgt:

<u>Sind die Minimalwerte von</u> (P) <u>und</u> $(\hat{P}_o)$ <u>gleich, so ist jedes</u> $\ell \in \partial\hat{\Phi}(0)$ <u>LAGRANGE-Funktional für die Optimallösung</u> x_o <u>von</u> (P).

Die Forderung, daß der Minimalwert von (P) mit dem Minimalwert der Linearisierung $(\hat{P}_o)$ von (P) in x_o übereinstimmt, ist eine ganz natürliche Forderung an die Güte der Linearisierung. Sie ist unter recht allgemeinen Regularitätsvoraussetzungen erfüllt, die überdies noch sicherstellen, daß $\partial\hat{\Phi}(0)$ nichtleer und beschränkt ist, vergl. hierzu ALT [1] und LEMPIO/MAURER [5].

Wir hoffen, daß durch obige Bemerkungen der <u>stabilitäts</u>- und <u>dualitätstheoretische Hintergrund</u> unserer Fragestellung und ihr <u>Zusammenhang mit Optimalitätsbedingungen</u> hinreichend deutlich geworden ist.

3. Eine notwendige Bedingung

Wir wenden uns jetzt wieder der allgemeinen Problemschar $(P_\omega)_{\omega\in\Omega}$ des ersten Abschnitts zu.

Sei

$$\mathbb{R}_+ \operatorname{dom} \varphi = \{\lambda\omega \in \Omega : \lambda \geq 0, \varphi(\omega) < \infty\}$$

der durch den eigentlichen Definitionsbereich dom φ von φ erzeugte konvexe Kegel in Ω mit Scheitel 0.

Sei $\partial\varphi(0)$ nichtleer <u>und</u> beschränkt. Dann ist $\varphi(0) \in \mathbb{R}$ und darum

$$\overline{\mathbb{R}_+ \operatorname{dom} \varphi}$$

ein nichtleerer, abgeschlossener, konvexer Kegel in Ω mit Scheitel 0.

Existiert dann $\omega_o \notin \overline{\mathbb{R}_+ \operatorname{dom} \varphi}$, so gibt es nach einem bekannten Trennungssatz ein $\ell_o \in \Omega'$ und $\rho \in \mathbb{R}$ mit

$$\ell_o(\omega) \leq \rho < \ell_o(\omega_o)$$

für alle $\omega \in \overline{\mathbb{R}_+ \operatorname{dom} \varphi}$. Da $\overline{\mathbb{R}_+ \operatorname{dom} \varphi}$ ein Kegel mit Scheitel 0 ist, folgt hieraus

$$\ell_o(\omega) \leq 0 < \ell_o(\omega_o)$$

für alle $\omega \in \mathrm{dom}\,\varphi$.

Für beliebiges $\ell \in \partial\varphi(0)$ und beliebiges $\mu \geq 0$ ist dann

$$\varphi(0) + (\ell+\mu\ell_o)(\omega) \leq \varphi(\omega)$$

für alle $\omega \in \Omega$, also

$$\ell + \mu\ell_o \in \partial\varphi(0) ,$$

und

$$\lim_{\mu\to\infty} (\ell+\mu\ell_o)(\omega_o) = \infty .$$

Dieser Widerspruch zur Beschränktheit von $\partial\varphi(0)$ beweist den folgenden

Satz 1. Sei $\partial\varphi(0)$ nichtleer und beschränkt. Dann gilt

$$\overline{\mathbb{R}_+ \,\mathrm{dom}\,\varphi} = \Omega . \qquad \blacksquare$$

Dieser Satz enthält die von KURCYUSZ/ZOWE [3 , Thm. 4.1.(b)] angegebene notwendige Bedingung für den linearen Fall bzw. für die Existenz und Beschränktheit der LAGRANGE-Funktionale für infinite differenzierbare Optimierungsprobleme. Nach den Bemerkungen im zweiten Abschnitt über den differenzierbaren Fall brauchen wir dazu lediglich $\mathbb{R}_+ \,\mathrm{dom}\,\hat{\varphi}$ für die Minimalwertfunktion $\hat{\varphi}$ der linearisierten Problemschar $(\hat{P}_\omega)_{\omega\in Y}$ auszurechnen.

Lemma 1. Für die Problemschar $(\hat{P}_\omega)_{\omega\in Y}$ aus Abschnitt 2 gilt

$$\mathbb{R}_+ \,\mathrm{dom}\,\hat{\varphi} = \mathbb{R}_+ (K-h(x_o)) - h'(x_o)(\mathbb{R}_+ (C-x_o)) .$$

Beweis. i) Sei $y \in \mathbb{R}_+ \,\mathrm{dom}\,\hat{\varphi}$, d. h. es existieren $\lambda \geq 0$ und $\omega \in Y$ mit $\hat{\varphi}(\omega) < \infty$ und

$$y = \lambda\,\omega .$$

Wegen $\hat{\varphi}(\omega) < \infty$ existieren nach Definition von $\hat{\varphi}$ $x \in C$ und $k \in K$ mit

$$h(x_o) + h'(x_o)(x-x_o) + \omega = k .$$

Also ist

$$y = \lambda(k-h(x_o)) - h'(x_o)(\lambda(x-x_o))$$

mit $\lambda \geqslant 0$, $k \in K$ und $x \in C$, d. h. es ist

$$y \in \mathbb{R}_+(K-h(x_o)) - h'(x_o)(\mathbb{R}_+(C-x_o)) .$$

ii) Sei umgekehrt

$$y \in \mathbb{R}_+(K-h(x_o)) - h'(x_o)(\mathbb{R}_+(C-x_o)) ,$$

d. h. es existieren $\lambda \geqslant 0$, $k \in K$, $\mu \geqslant 0$, $x \in C$ mit

$$y = \lambda(k-h(x_o)) - h'(x_o)(\mu(x-x_o)) .$$

Ist $\mu = 0$, so definiere

$$\tilde{\lambda} := \lambda , \quad \omega := k-h(x_o) ,$$
$$\tilde{k} := k , \quad \tilde{x} := x_o .$$

Ist $0 < \mu \leqslant \lambda$, so definiere

$$\tilde{\lambda} := \lambda , \quad \omega := k-h(x_o) - h'(x_o)(\tfrac{\mu}{\lambda}(x-x_o)) ,$$
$$\tilde{k} := k , \quad \tilde{x} := x_o + \tfrac{\mu}{\lambda}(x-x_o) .$$

Ist $0 \leqslant \lambda < \mu$, so definiere

$$\tilde{\lambda} := \mu , \quad \omega := \tfrac{\lambda}{\mu}(k-h(x_o)) - h'(x_o)(x-x_o) ,$$
$$\tilde{k} := h(x_o) + \tfrac{\lambda}{\mu}(k-h(x_o)), \quad \tilde{x} := x .$$

In jedem Falle ist wegen der Konvexität von C und K

$$\tilde{x} \in C , \quad \tilde{k} \in K$$

und nach Definition von ω, $\tilde{k}$, $\tilde{x}$

$$h(x_o) + h'(x_o)(\tilde{x}-x_o) + \omega = \tilde{k} .$$

Also ist $\omega \in \operatorname{dom} \hat{\varphi}$ und

$$y = \tilde{\lambda}\omega \in \mathbb{R}_+ \operatorname{dom} \hat{\varphi} . \qquad \blacksquare$$

Leider ist die in Satz 1 angegebene Bedingung keineswegs hinreichend dafür, daß $\partial\varphi(0)$ nichtleer und beschränkt ist. Nach der dualitätstheoretischen Interpretation aus Abschnitt 2 ist ja jedes $\ell \in \partial\varphi(0)$ Optimallösung des Dualproblems (D). Der zugehörige Maximalwert für (D) ist dann gerade gleich $\varphi(0)$ und darum gleich dem Minimalwert für (P_o), d. h. es tritt keine sogenannte

Dualitätslücke auf, falls $\partial\varphi(0) \neq \emptyset$. Für jedes duale Problempaar (P_0), (D) mit Dualitätslücke ist also notwendigerweise $\partial\varphi(0) = \emptyset$. Daß dieser Fall auch eintreten kann, wenn zusätzlich die in Satz 1 angegebene Bedingung erfüllt ist, zeigt das folgende

Beispiel. Wähle als Daten für das Problem (P) aus Abschnitt 2

$$X := C[0,1] =: C\,, \quad Y := L_2[0,1]\,,$$
$$K := \{y \in L_2[0,1] : y(t) \geq 0 \text{ f. ü. in } [0,1]\}\,,$$
$$s(x) := \int_0^1 \sigma(t)\, x(t)\, dt \qquad (x \in X)$$

mit f. ü. auf [0,1] nichtnegativem $\sigma \in L_1[0,1] \setminus L_2[0,1]$,

$$h(x) := x \qquad (x \in X)\,.$$

Dann ist $s \in X'$, h stetig und linear, $x_0 \equiv 0$ Optimallösung von (P), (P) gleich seiner Linearisierung $(\hat{P}_0)$ und

$$\operatorname{dom} \hat{\varphi} = K - C\,.$$

Also ist $C[0,1] \subset \operatorname{dom} \hat{\varphi}$ und darum sogar

$$\overline{\operatorname{dom} \hat{\varphi}} = Y\,.$$

Ist nun $\ell \in \partial\hat{\varphi}(0)$, so ist ℓ Optimallösung des zu $(\hat{P}_0)$ gehörigen Dualproblems $(\hat{D})$. Weiter sind die Werte von (P), $(\hat{P}_0)$, $(\hat{D})$ alle gleich $s(x_0) = 0$. Auf Grund des in Abschnitt 2 geschilderten Zusammenhangs von $\partial\hat{\varphi}(0)$ mit notwendigen Optimalitätsbedingungen ist dann ℓ LAGRANGE-Funktional für die Optimallösung x_0 von (P), d. h. es gilt

$$\ell \in L_2[0,1]'\,,\ \ell(y) \leq 0 \qquad (y \in K)\,,$$
$$(s + \ell h)(x) \geq 0 \qquad (x \in C[0,1])\,.$$

Also existiert ein $\lambda \in L_2[0,1]$ mit

$$\int_0^1 (\sigma(t) + \lambda(t))\, x(t)\, dt = 0 \qquad (x \in C[0,1])\,,$$

d. h. es ist

$$\sigma(t) = -\lambda(t) \qquad (\text{f. ü. in } [0,1])$$

im Widerspruch zu $\sigma \in L_1[0,1] \setminus L_2[0,1]$.

Im angegebenen Beispiel ist also notwendigerweise

$$\partial\hat{\varphi}(0) = \emptyset\,. \qquad \blacksquare$$

Die in Satz 1 angegebene notwendige Bedingung dafür, daß $\partial\varphi(0)$ nichtleer und beschränkt ist, ist also im allgemeinen nicht hinreichend. Sie gibt uns aber Hinweise darauf, wie mögliche Verschärfungen auszusehen haben, die hinreichend sind. Dieser Problematik wenden wir uns im folgenden Abschnitt zu.

4. Hinreichende Bedingungen

Wir erinnern daran, daß wir generell $\varphi(0) \in \mathbb{R}$ vorausgesetzt haben. Insbesondere ist also

$$0 \in \operatorname{dom} \varphi .$$

Wie das Beispiel aus Abschnitt 3 zeigt, ist die Forderung

$$\mathbb{R}_+ \overline{\operatorname{dom} \varphi} = \Omega$$

noch keine brauchbare Verschärfung der in Satz 1 angegebenen Bedingung. Aber es gilt immerhin

Satz 2. Sei $\mathbb{R}_+ \overline{\operatorname{dom} \varphi} = \Omega$. Dann ist

$$0 \in \operatorname{int} \overline{\operatorname{dom} \varphi} .$$

Beweis. Definiere

$$A := \overline{\operatorname{dom} \varphi}, \quad B := A \cap (-A) .$$

Dann ist B natürlich abgeschlossen und konvex.

Wegen $0 \in A$, was auch ohne die Voraussetzung $0 \in \operatorname{dom} \varphi$ direkt aus $\mathbb{R}_+ A = \Omega$ mit Hilfe eines Trennungsarguments gefolgert werden könnte, ist auch $0 \in B$. Sei nun $y \in \Omega \setminus \{0\}$ beliebig gewählt. Dann existieren

$$\lambda_i > 0, \quad \omega_i \in A \qquad (i = 1,2)$$

mit

$$y = \lambda_1\omega_1 , \quad -\omega_1 = \lambda_2\omega_2 .$$

Also besitzt y die beiden Darstellungen

$$y = \lambda_1\omega_1 = (\lambda_1\lambda_2)(-\omega_2) .$$

Ist $\lambda_2 < 1$, so folgt $\omega_1 = \lambda_2(-\omega_2) \in -A$, dann ist also

$$y = \lambda_1\omega_1 \text{ mit } \lambda_1 > 0 \text{ und } \omega_1 \in A \cap (-A).$$

Ist $\lambda_2 \geq 1$, so folgt $-\omega_2 = \frac{1}{\lambda_2}\omega_1 \in A$, in diesem Falle ist

$$y = \lambda_1\lambda_2(-\omega_2) \text{ mit } \lambda_1\lambda_2 > 0 \text{ und } -\omega_2 \in A \cap (-A).$$

Damit ist gezeigt, daß B auch absorbierend ist.

Trivialerweise folgt aus $\omega \in B$ auch

$$\lambda\omega \in B$$

für alle $\lambda \in \mathbb{R}$ mit $|\lambda| \leq 1$, d. h. B ist kreisförmig.

Also ist B eine Tonne in Ω. Da Ω ein tonnelierter Raum ist, ist B und damit auch A eine Nullumgebung. Man vergleiche hierzu YOSIDA [10], aber auch die direkten Beweise in KURCYUSZ/ZOWE [3] und ALT [1]. ∎

Eine brauchbare Verschärfung erhält man durch Zusatzvoraussetzungen, unter denen aus

$$0 \in \text{int } \overline{\text{dom } \varphi}$$

auf

$$0 \in \text{int dom } \varphi$$

geschlossen werden kann. In diesem Zusammenhang ist der folgende Satz sehr nützlich.

Satz 3. Sei eine der folgenden Bedingungen erfüllt:

i) Ω ist endlichdimensional.

ii) dom φ besitzt innere Punkte.

iii) dom φ ist abgeschlossen.

iv) dom f ist abgeschlossen und $\bigcup_{\omega \in \Omega} \Sigma(\omega)$ beschränkt.

Dann gilt

$$\text{int } \overline{\text{dom } \varphi} = \text{int dom } \varphi .$$

Beweis. i) Ist Ω endlichdimensional und dom $\varphi \neq \emptyset$, was unter der Annahme $\varphi(0) \in \mathbb{R}$ der Fall ist, so ist dom φ bekanntlich ein konvexer Körper bezüglich der affinen Hülle von dom φ. Hieraus folgt sofort die Behauptung.

ii) Ist int dom $\varphi \neq \emptyset$, so ist dom φ ein konvexer Körper, woraus die Behauptung folgt.

iv) Sei dom f abgeschlossen. Dann ist dom f eine abgeschlossene, konvexe Teilmenge von $X \times \Omega$. Die Projektion $pr_{\Omega}(\text{dom } f)$ von dom f auf Ω ist gerade gleich der Menge aller $\omega \in \Omega$, für die das gestörte Problem (P_{ω}) zulässig ist, d. h. es ist

$$pr_{\Omega}(\text{dom } f) = \text{dom } \varphi .$$

Die Projektion $pr_X(\text{dom } f)$ von dom f auf X ist gerade gleich der Menge aller $x \in X$, die für wenigstens eines der gestörten Probleme (P_{ω}) zulässig sind, d. h. es ist

$$pr_X(\text{dom } f) = \bigcup_{\omega \in \Omega} \Sigma(\omega) .$$

Ist diese Menge beschränkt, so folgt die Behauptung aus ROBINSON [8, Lemma 1. a)]. Nebenbei bemerkt folgt unter dieser Voraussetzung aus ROBINSON [8, Lemma 1. b)] noch, daß dom φ abgeschlossen ist, falls X reflexiv ist. ∎

Unter den Voraussetzungen von Satz 2 und 3 ist also

$$0 \in \text{int dom } \varphi .$$

Dies ist zwar eine der wesentlichen Voraussetzungen, die man zum Beweise, daß $\partial\varphi(0)$ nichtleer und beschränkt ist, benötigt. Allein ist sie hierfür aber immer noch nicht hinreichend, wie das folgende Beispiel zeigt.

Beispiel. Sei Ω unendlichdimensional und ℓ ein unstetiges reelles lineares Funktional auf Ω. Definiere

$$f(x,\omega) = \ell(\omega) \qquad (x \in X,\ \omega \in \Omega) .$$

Für die zugehörige Minimalwertfunktion $\varphi = \ell$ ist dann zwar

$$\text{dom } \varphi = \Omega ,$$

aber jeder Subgradient von φ wäre einerseits stetig, andererseits identisch mit ℓ. Also ist notwendig

$$\partial\varphi(0) = \emptyset . \qquad ∎$$

Ist aber $0 \in \text{int dom}\ \varphi$, $\varphi(0) \in \mathbb{R}$ und Ω endlichdimensional, so ist φ bekanntlich in einer Nullumgebung nach oben beschränkt.

Weniger bekannt ist, daß auch im unendlichdimensionalen Fall aus $0 \in \text{int dom}\ \varphi$, $\varphi(0) \in \mathbb{R}$ und der Abgeschlossenheit des Epigraphen von f die Beschränktheit von φ nach oben in einer Nullumgebung folgt, vergl. hierzu ROBINSON [8].

Bereits länger bekannt ist, daß $\partial\varphi(0)$ nichtleer und beschränkt ist, falls $\varphi(0) \in \mathbb{R}$ und φ in einer Nullumgebung nach oben beschränkt ist, vergl. LAURENT [4].

Aus diesen Ergebnissen und den Sätzen 2 und 3 folgt

Satz 4. Sei

$$\mathbb{R}_+ \overline{\text{dom}\ \varphi} = \Omega$$

und eine der folgenden Bedingungen erfüllt:

i) Ω ist endlichdimensional.

ii) dom φ besitzt innere Punkte.

iii) dom φ ist abgeschlossen.

iv) dom f ist abgeschlossen und $\bigcup_{\omega \in \Omega} \Sigma(\omega)$ beschränkt.

Dann gilt

$$0 \in \text{int dom}\ \varphi .$$

Sei überdies $\varphi(0) \in \mathbb{R}$ und eine der folgenden Bedingungen erfüllt:

a) Ω ist endlichdimensional.

b) epi f ist abgeschlossen.

c) φ ist in einer Nullumgebung nach oben beschränkt.

Dann ist $\partial\varphi(0)$ nichtleer und beschränkt. ■

Da unter den Voraussetzungen des Satzes 4

$$0 \in \text{int dom}\ \varphi$$

folgt, kann man natürlich von vornherein die Forderung

$$\mathbb{R}_+ \overline{\text{dom}\ \varphi} = \Omega$$

durch die schärfere

$$\mathbb{R}_+ \text{ dom } \varphi = \Omega$$

ersetzen.

Wir kehren in diesem Zusammenhang noch einmal zur linearisierten Problemschar $(\hat{P}_\omega)_{\omega \in Y}$ des Abschnitts 2 zurück. Für die zugehörige Minimalwertfunktion gilt

$$\text{dom } \hat{\varphi} = (K-h(x_o)) - h'(x_o)(C-x_o) ,$$
$$\mathbb{R}_+ \text{ dom } \hat{\varphi} = \mathbb{R}_+ (K-h(x_o)) - h'(x_o)(\mathbb{R}_+ (C-x_o)) ,$$

vergl. Lemma 1. Die Forderung

$$\mathbb{R}_+ \text{ dom } \hat{\varphi} = Y$$

stimmt daher gerade mit der in KURCYUSZ/ZOWE [3, Thm. 4.1. (a)] angegebenen Voraussetzung überein, wenn man davon absieht, daß dort K ein Kegel mit Scheitel O ist. Ist sie erfüllt, so ist O sogar innerer Punkt von

$$((K-h(x_o)) \cap \{y \in Y : \|y\| \leq 1\}) - h'(x_o)((C-x_o) \cap \{x \in X : \|x\| \leq 1\}) ,$$

vergl. KURCYUSZ/ZOWE [3, Thm. 2.1.]. Also ist dann nicht nur die Bedingung ii) aus Satz 4 erfüllt, sondern auch die Bedingung c), da das <u>stetige</u> affine Zielfunktional von $(\hat{P}_o)$ auf der Einheitskugel von X natürlich nach oben beschränkt ist.

Da wir in Abschnitt 2 h vorsorglich auch als <u>stetig</u> differenzierbar im FRÉCHETschen Sinne in x_o vorausgesetzt haben, folgt aus Abschwächungen der Stabilitätsresultate von ROBINSON [7] auf den Fall, daß K lediglich abgeschlossen und konvex ist, auch die Gleichheit der Minimalwerte von (P) und $(\hat{P}_o)$, vergl. hierzu ALT [1].

Aus Satz 4 und dem in Abschnitt 2 geschilderten Zusammenhang zwischen $\partial\hat{\varphi}(O)$ und der Menge der LAGRANGE-Funktionale für die Optimallösung x_o von (P) folgt dann

<u>Lemma 2</u>. Sei $\mathbb{R}_+ \text{ dom } \hat{\varphi} = Y$.

Dann ist die Menge der LAGRANGE-Funktionale für die Optimallösung x_o von (P) gleich $\partial\hat{\varphi}(O)$, nichtleer und beschränkt. ∎

Literaturangaben

[1] W. ALT, *Stabilität mengenwertiger Abbildungen mit Anwendungen auf nichtlineare Optimierungsprobleme* (Dissertation), Bayreuth: Mathematisches Institut der Universität Bayreuth, 1979.

[2] J. GAUVIN und J.W. TOLLE, *Differential stability in nonlinear programming*, SIAM J. Control and Optimization, 15, 294 - 311 (1977).

[3] S. KURCYUSZ und J. ZOWE, *On a regularity assumption for the mathematical programming problem in a Banach space*, erscheint in Applied Mathematics and Optimization.

[4] P.J. LAURENT, *Approximation et Optimisation*, Hermann, Paris, 1972.

[5] F. LEMPIO und H. MAURER, *Differential stability in infinite-dimensional nonlinear programming*, erscheint in Applied Mathematics and Optimization.

[6] S.M. ROBINSON, *Stability theory for systems of inequalities, Part I: Linear systems*, SIAM J. Numer. Anal., 12, 754 - 769 (1975).

[7] S.M. ROBINSON, *Stability theory for systems of inequalities, Part II: Differentiable nonlinear systems*, SIAM J. Numer. Anal., 13, 497 - 513 (1976).

[8] S.M. ROBINSON, *Regularity and stability for convex multivalued functions*, Mathematics of Operations Research, 1, 130 - 143 (1976).

[9] R.T. ROCKAFELLAR, *Convex Analysis*, Princeton University Press, Princeton, N. J., 1970.

[10] K. YOSIDA, *Functional Analysis*, 3rd Ed., Springer-Verlag, Berlin - Heidelberg - New York, 1971.

SEGMENTIELLE APPROXIMATION UND H-MENGEN

Günter Meinardus

Das bisherige wissenschaftliche Werk von Herrn COLLATZ enthält an vielen Stellen starke Bezüge zur Approximationstheorie. Es ist meistens die gleichmäßige Approximation, die dort in vielen Varianten auftritt. In diesem Vortrag möchte ich speziell auf eine Arbeit hinweisen, die Herr COLLATZ 1964 publizierte [1]. Dort wird die segmentielle Approximation in einer und in mehreren Veränderlichen behandelt, wobei mit Hilfe geeigneter H-Mengen Kriterien für die Approximationsgüte gewonnen werden. Hierdurch sind nicht nur Einschließungen der Minimalabweichung möglich, sondern man kann häufig bei vorgegebener Approximationsfunktion entscheiden, wie weit man im Sinne der Fehlernorm noch von einer bestmöglichen Approximation entfernt ist.

Betrachten wir zunächst den von LAWSON [3] diskutierten eindimensionalen Fall!
Es sei V entweder der Raum π_n der reellen Polynome einer reellen Variablen vom maximalen Grad n oder die Menge $\pi_{m,n}$ der reellen rationalen Funktionen, deren Zähler höchstens den Grad m und deren Nenner höchstens den Grad n besitzt, sofern diese Funktionen auf einem vorgegebenen Intervall $[a,b]$ stetig sind. Weiter sei $f \in C[a,b]$ die zu approximierende reelle Funktion.

Das Intervall $[a,b]$ werde durch die Teilpunkte τ_ν mit

$$a = \tau_0 < \tau_1 < \dots < \tau_k = b$$

in die Teilintervalle

$$I_\nu = [\tau_{\nu-1}, \tau_\nu] \ ; \quad \nu = 1,2,\ldots,k \ ,$$

zerlegt.

Gesucht sind Funktionen $v_1, v_2, \ldots, v_k \in V$, so daß mit

$$\rho(f, I_\nu) = \inf_{v_\nu \in V} \sup_{x \in I_\nu} |f(x) - v_\nu(x)|$$

das

$$\operatorname*{Max}_{\nu=1,2,\ldots,k} \rho(f, I_\nu)$$

einen möglichst kleinen Wert annimmt. Ist

$$\rho(f) = \inf \operatorname*{Max}_{\nu=1,2,\ldots,k} \rho(f, I_\nu)$$

die globale Minimalabweichung, wobei das Infimum über alle Zerlegungen von $[a,b]$ in k Teilintervalle erstreckt wird, so gilt nach LAWSON [3] die Aussage: Es gibt eine Zerlegung derart, daß die einzelnen Minimalabweichungen $\rho(f, I_\nu)$ alle den gleichen Wert, nämlich $\rho(f)$, besitzen.

Die Übertragung dieses Konzepts auf mehrere Dimensionen setzt Zerlegungen in "vernünftige" Teilmengen, die meist geometrisch charakterisierbar sind, voraus. So wird man in zwei Variablen etwa Rechtecke in k geeignete Rechtecke, eine Kreisscheibe in k Sektoren oder in einen konzentrischen Kreis und $k-1$ konzentrische Kreisringe zerlegen.

Die von Herrn COLLATZ eingeführten H-Mengen liefern untere Schranken für Minimalabweichungen. In unserem eindimensionalen Fall kann man sie folgendermaßen beschreiben: Man nennt, bei fester Zerlegung des Intervalls $[a,b]$, eine nicht-leere Teilmenge $H_\nu \in I_\nu$ eine H-Menge (für V bezüglich I_ν), wenn sie derart als Vereinigung zweier nicht-leerer Teilmengen $M_{1\nu} \in I_\nu$, $M_{2\nu} \in I_\nu$ geschrieben werden kann, daß die Ungleichungen

$$w_1 - w_2 > 0 \quad \text{für alle} \quad x \in M_{1\nu} ,$$

$$w_1 - w_2 < 0 \quad \text{für alle} \quad x \in M_{2\nu}$$

für je zwei beliebige Funktionen $w_1, w_2 \in V$ widersprüchlich sind. Dann gilt für jedes $v \in V$:

$$\inf_{x \in H_\nu} |f(x)-v(x)| \leq \rho(f, I_\nu) .$$

Zur Übertragung der H-Mengen-Idee auf segmentielle Approximationen nehme man die Zerlegungspunkte $\tau_1, \tau_2, \ldots, \tau_{k-1}$ mit in die Menge der Approximationsfunktionen auf: An Stelle von V betrachte man die Menge $\tilde{V}$ der Funktionen $\tilde{v}$, die auf $[a,b]$ definiert sind, und die Eigenschaft haben: Es gibt eine Zerlegung von $[a,b]$ in k Teilintervalle I_ν der obigen Art, so daß die Restriktion von $\tilde{v}$ auf die zugehörigen offenen Intervalle

$$(\tau_{\nu-1}, \tau_\nu) \; ; \quad \nu = 1,2,\ldots,k ,$$

jeweils in V liegt. Der Wert von $\tilde{v}$ an den Zerlegungspunkten τ_ν müßte noch definiert werden. Dies geschieht i.a. durch den Grenzwert von links oder von rechts. Ist nun H_ν eine H-Menge für V bezüglich I_ν, so ist

$$\tilde{H} = H_1 \cup H_2 \cup \ldots \cup H_k$$

eine H-Menge für $\tilde{V}$ bezüglich des Intervalls $[a,b]$.

Diese Überlegungen können in analoger Weise auch für mehrdimensionale Probleme praktisch verwendet werden. Sie können ferner für beweistechnische Zwecke nützlich sein, etwa bei der Charakterisierung bester segmentieller Approximationen, wenn zusätzliche Stetigkeits- bzw. Differenzierbarkeitsbedingungen an $\tilde{V}$ gefordert sind. Mir scheint daher das COLLATZsche H-Mengen-Konzept bisher in der Approximationstheorie keineswegs voll ausgenutzt zu sein. Man kann dabei an die folgenden Probleme denken:

1. Eindimensionale Spline-Approximation mit freien Knoten.

2. A priori-Aussagen über optimale Zerlegungen.

3. Vernünftige Bereichszerlegungen in zwei und mehr als zwei Variablen.

4. Aussagen über den Gewinn an Genauigkeit bei der Verwendung von Bereichszerlegungen bzw. Segmentierungen.

Zu der in Punkt 2. angeschnittenen Frage wurden in [4] erste Ergebnisse gewonnen. Weitere Untersuchungen hierzu liegen anscheinend nicht vor.

Asymptotische Aussagen über Minimalabweichungen bei kleinen Intervallen im rationalen Fall, d.h. $V = \pi_{m,n}$, lassen bei der Zerlegung in k Teilintervalle eine Genauigkeitssteigerung um den Faktor

$$k^{-m-n-1}$$

erwarten. Dies ist ein Beitrag zum Punkt 4. Es ist bemerkenswert, daß DE BOOR und RICE [2] kürzlich zu ähnlichen Aussagen bei mehreren Variablen gelangt sind.

Es sei abschließend erwähnt, daß auch beim Entwurf von Mikroprozessoren segmentielle Approximationen an Bedeutung gewinnen.

Literatur

[1] COLLATZ, L.: Einschließungssatz für die Minimalabweichung bei der Segmentapproximation. Simposio internazionale sulle applicazioni dell' analisi fisica matematica, Cagliaria, Sardegna 1964.

[2] DE BOOR, C. and J.R. RICE: An adaptive algorithm for multivariate approximation giving optimal convergence rates. MRC Techn. Summ. Report No. 1773, 1977.

[3] LAWSON, Ch.L.: Characteristic Properties of the Segmented Rational Minmax Approximation Problem. Numer. Math. 6, 293-301, 1964.

[4] MEINARDUS, G.: Zur Segmentapproximation mit Polynomen. ZAMM 46, 239-246, 1966.

GENAUIGKEITSFRAGEN BEI DER NUMERISCHEN REKONSTRUKTION VON BILDERN

Frank Natterer

We consider the reconstruction of pictures from p complete projections. We show that the filtered backprojection algorithm achieves an L_2-error of order $p^{-\alpha}$ for picture densities which belong to the Sobolev space $H_0^\alpha(\Omega)$ when the ideal low-pass filter is used. We derive an optimal filter by minimizing our error bound. The validity of our error estimate and the performence of the optimal filter are investigated by numerical experiments.

§ 1 EINLEITUNG

Das hier behandelte Bildrekonstruktionsproblem tritt z. B. in der Computer-Tomographie auf und verlangt die Berechnung einer etwa in einem Kreis Ω mit Durchmesser 1 konzentrierten Bilddichte f aus ihren Linienintegralen. Ist $\omega = (\cos\varphi, \sin\varphi)$, $\omega^{\perp} = (-\sin\varphi, \cos\varphi)$, so ist also

$$g(s,\omega) = (Rf)(s,\omega) = \int_{-\infty}^{+\infty} f(s\omega + t\omega^{\perp})\, dt$$

gegeben und f gesucht. R ist die Radon-Transformation. Anwendungen findet man in [2], Algorithmen in [1] und eine Diskussion vom theoretischen und praktischen Standpunkt aus in [8].

Wir beschränken uns auf den Fall der Rekonstruktion aus p vollständigen Projektionen, d. h. die Funktionen $g(\cdot,\omega_j)$ seien bekannt für $\omega_j = (\cos\varphi_j, \sin\varphi_j)$, $\varphi_j = j\pi/p$, $j = 0,\dots, p-1$, und fragen uns, wie die Rekonstruktionsgenauigkeit von p und f abhängt. Aus dem Abtasttheorem von Shannon folgt, daß ein Bild, dessen kleinstes Detail den Durchmesser d hat, genau dann zuverlässig rekonstruiert werden kann, wenn $pd \geq \pi$ gilt (De Rosier und Klug (1968)). Eine ganz anders geartete Genauigkeitsaussage stellt fest, daß eine Bilddichte aus dem Sobolev-Raum $H_0^\alpha(\Omega)$ im Sinne von $L_2(\Omega)$ bis auf einen Fehler der Ordnung $p^{-\alpha}$ rekonstruiert werden kann [5].

Es erhebt sich nun die Frage, ob die bekannten Rekonstruktionsalgorithmen diese theoretisch möglichen Genauigkeiten tatsächlich erreichen. Das praktisch wichtigste Verfahren ist die sogenannte gefilterte Rückprojektion [7], welche nichts anderes als eine geschickte Auswertung der Inversionsformel

$$f = R^* w, \quad \hat{w}(\sigma,\omega) = |\sigma| \hat{g}(\sigma,\omega)$$

von Radon [6] ist. Hier bedeutet $\hat{w}$ die eindimensionale Fourier-Transformation, also

$$\hat{w}(\sigma,\omega) = \int e^{-2\pi i\sigma s} \, w(s,\omega) \, ds,$$

und

$$(R^* w)(x) = \int_0^\pi w(x \cdot \omega, \omega) \, d\varphi$$

ist die sogenannte Rückprojektion. Die gefilterte Rückprojektion berechnet eine Rekonstruktion f_p^F für f gemäß

$$f_p^F = R_p^* w^F, \quad (R_p^* w)(x) = \frac{\pi}{p} \sum_{j=0}^{p-1} w(x \cdot \omega_j, \omega_j),$$

$$w^F(s,\omega) = \int r^F(s-t) \, g(t,\omega) \, dt,$$

$$r^F(s) = \int |\sigma| F(\sigma) \, e^{2\pi i s\sigma} \, d\sigma.$$

F ist ein geeignet zu wählender Filter. Wir nehmen immer $0 \leq F \leq 1$ und $F(\sigma) = F(-\sigma)$ an. Ein Beispiel ist der ideale Tiefpaß mit Abschneidefrequenz σ_0:

$$F(\sigma) = \begin{cases} 1, & |\sigma| \leq \sigma_0 \\ 0 & \text{sonst.} \end{cases}$$

In [3] wird gezeigt, daß die gefilterte Rückprojektion mit idealem Tiefpaß und $\sigma_0 = 1/d$ Bilder mit kleinstem Detail von Durchmesser d zuverlässig rekonstruiert, falls $(p-1)d \geq \pi$ ist. Damit erreicht die gefilterte Rückprojektion praktisch die durch das Abtasttheorem gesetzten Schranken. Wir wollen in dieser Arbeit zeigen, daß die gefilterte Rückprojektion auch die zweite Genauigkeitsaussage erreicht, d. h. daß für $f \in H_0^\alpha(\Omega)$

$$\|f-f_p^F\|_{L_2(\Omega)} = O(p^{-\alpha})$$

gilt, falls F geeignet gewählt wird.

In § 2 beweisen wir unsere Fehlerabschätzung für die gefilterte Rückprojektion, und durch Minimieren der Fehlerabschätzung kommen wir zu einem optimalen Filter. In § 3 prüfen wir unsere Fehlerabschätzung an Hand numerischer Experimente und vergleichen den idealen Tiefpaß mit dem optimalen Filter. In § 4 diskutieren wir die Resultate im Hinblick auf mögliche Folgerungen für die Praxis.

§ 2 FEHLERABSCHÄTZUNG FÜR DIE GEFILTERTE RÜCKPROJEKTION

Sei zunächst $f \in C_0^\infty(\Omega)$. Dann setzen wir

$$\|f\|_{H^\alpha}^2 = \int (1+|\xi|^2)^\alpha \, |\hat{f}(\xi)|^2 d\xi,$$

wo $\hat{f}$ die zweidimensionale Fourier-Transformation ist, d. h.

$$\hat{f}(\xi) = \int e^{-2\pi i x\cdot\xi} f(x)dx.$$

Weiter benutzen wir die Normen

$$|f|^2_{H^\alpha} = \int |\xi|^{2\alpha} |\hat{f}(\xi)|^2 \, d\xi,$$

$$|g|^2_{H^\beta} = \int |\sigma|^{2\beta} |\hat{g}(\sigma)|^2 \, d\sigma,$$

letzteres für Funktionen auf $\mathbb{R}^1$. Wir benötigen die Beziehung [4]

$$(Rf)^{\wedge}(\sigma,\omega) = \hat{f}(\sigma\omega), \tag{2.1}$$

welche in der Rekonstruktionsliteratur als Projektionssatz bezeichnet wird.

Der Fehler von f_p^F setzt sich zusammen aus dem Quadraturfehler bei der Berechnung von R^*w^F und aus dem durch Filterung verursachten Fehler. Diese beiden Fehler werden getrennt abgeschätzt, zunächst der Quadraturfehler:

<u>Satz 1:</u> Sei $0 \leq \alpha \leq 1$. Dann gibt es eine Konstante C, so daß für alle $f \in C_0^\infty(\Omega)$

$$||R^*w^F - f_p^F||_{L_2(\Omega)} \leq \frac{C}{p} \rho(\alpha,F) ||f||_{H^\alpha},$$

$$\rho(\alpha,F) = \sup_\sigma F(\sigma)\sigma^{1-\alpha}.$$

<u>Beweis:</u> Für $h \in C_0^\infty(\Omega)$ setzen wir

$$u(\varphi) = \int_\Omega h(x) w^F(x \cdot \omega, \omega) \, dx.$$

Dann wird

$$u'(\varphi) = \int_\Omega h(x) \; \{x \cdot \omega^\perp w_s^F(x \cdot \omega,\omega) + w_\varphi^F(x \cdot \omega,\omega)\} \, dx,$$

oder, mit $x = s\omega + t\omega^\perp$,

$$u'(\varphi) = \iint h(s\omega+t\omega^{\perp})\,\{ t\, w_s^F(s,\omega)+w_\varphi^F(s,\omega)\}\, ds\, dt$$

$$= \int\{(Rh)(s,\omega)\, w_\varphi^F(s,\omega)+(Th)(s,\omega)w_s^F(s,\omega)\}\, ds,$$

wo R die Radon-Transformation und

$$(Th)(s,\omega) = \int h(s\omega+t\omega^{\perp})\, t\, dt$$

ist. Mit der Parseval'schen Beziehung und der Cauchy-Schwarz'schen Ungleichung folgt

$$|u'(\varphi)| = \left|\int\{(Rh)^{\wedge}(\sigma,\omega)\overline{\hat{w}_\varphi^F}(\sigma,\omega)+(Th)^{\wedge}(\sigma,\omega)\overline{\hat{w}_s^F}(\sigma,\omega)\}\, d\sigma\right|$$

$$\leq |(Rh)(\cdot,\omega)|_{H^{1/2}}|w_\varphi^F(\cdot,\omega)|_{H^{-1/2}}+|(Th)(\cdot,\omega)|_{H^{1/2}}|w_s^F(\cdot,\omega)|_{H^{-1/2}}.$$

Mit der Norm

$$\|w\|_\alpha^2 = \int_0^\pi |w(\cdot,\omega)|_{H^\alpha}^2 d\varphi$$

folgt hieraus, wieder mit der Cauchy-Schwarz'schen Ungleichung,

$$(2.2)\quad \int_0^\pi |u'(\varphi)|\, d\varphi \leq \|Rh\|_{1/2}\|w_\varphi^F\|_{-1/2}+\|Th\|_{1/2}\|w_s^F\|_{-1/2}.$$

Der Projektionsansatz (2.1) ergibt

$$(2.3)\quad \|Rh\|^2_{1/2} = \int_0^\pi\int_{-\infty}^{+\infty} |\sigma|\,|(Rh)^{\wedge}(\sigma,\omega)|^2\, d\sigma\, d\varphi$$

$$= \int_0^\pi\int_{-\infty}^{+\infty} |\sigma|\,|\hat{h}(\sigma\omega)|^2\, d\sigma\, d\varphi$$

$$= \int_0^{2\pi}\int_0^{\infty} \sigma\,|\hat{h}(\sigma\omega)|^2\, d\sigma\, d\varphi$$

$$= \int_{\mathbb{R}^2} |\hat{h}(\xi)|^2 \, d\xi$$

$$= \|h\|^2_{L_2(\Omega)},$$

wobei zuletzt wieder die Parseval'sche Beziehung benutzt wurde. Ganz ähnlich erhält man mit der euklidischen Länge $|x|$ von x

(2.4) $$\|Th\|^2_{1/2} \leq \| |x| h \|^2_{L_2(\Omega)} .$$

Der Faltungssatz für die Fourier-Transformation liefert

$$\hat{w}^F(\sigma,\omega) = |\sigma| F(\sigma) \hat{g}(\sigma,\omega)$$

$$= |\sigma| F(\sigma) \hat{f}(\sigma\omega),$$

wobei zuletzt wieder (2.1) benutzt wurde. Hieraus ergibt sich

$$|\hat{w}^F_s(\sigma,\omega)| = |2\pi i \sigma \hat{w}^F(\sigma,\omega)|$$

$$= 2\pi\sigma^2 F(\sigma) |\hat{f}(\sigma\omega)|,$$

$$|\hat{w}^F_\varphi(\sigma,\omega)| = |\sigma| F(\sigma) |\sigma\omega^\perp \nabla \hat{f}(\sigma\omega)|$$

$$\leq 2\pi\sigma^2 F(\sigma) \; |(xf)\hat{\ }(\sigma\omega)|$$

und damit

$$\|w^F_s\|^2_{1/2} = \int_0^\pi \int_{-\infty}^{+\infty} |\sigma|^{-1} |\hat{w}^F_s(\sigma,\omega)|^2 d\sigma \, d\varphi$$

$$= 4\pi^2 \int_0^\pi \int_\infty^\infty |\sigma|^3 F^2(\sigma) |\hat{f}(\sigma\omega)|^2 \, d\sigma \, d\varphi$$

$$= 4\pi^2 \int_{\mathbb{R}^2} |\xi|^2 F^2 \; (|\xi|) \; \hat{f}(\xi)|^2 \, d\xi$$

$$\leq 4\pi^2\rho^2(\alpha,F) \int_{\mathbb{R}^2} |\xi|^{2\alpha} \, |\hat{f}(\xi)|^2 \, d\xi$$

$$(2.5) \quad = 4\pi^2\rho^2(\alpha,F) \, |f|^2_{H^\alpha} \, .$$

Ganz analog findet man

$$(2.6) \quad ||w_\varphi^F||^2_{-1/2} \leq 4\pi^2\rho^2(\alpha,F) \, |xf|^2_{H^\alpha} \, ,$$

$$|xf|^2_{H^\alpha} = |x_1 f|^2_{H^\alpha} + |x_2 f|^2_{H^\alpha} \, .$$

Faßt man (2.2) - (2.6) zusammen, so entsteht

$$\int_0^\pi |u'(\varphi)|d\varphi \leq 2\pi\rho(\alpha,F)\{||h||_{L_2(\Omega)}|xf|_{H^\alpha} + || \, |x|h||_{L_2(\Omega)}|f|_{H^\alpha}\}$$

$$\leq C \, \rho \, (\alpha,F)||h||_{L_2(\Omega)}||f||_{H^\alpha}$$

mit einer geeigneten Konstante C. Hieraus folgt die behauptete Ungleichung, denn es ist ja

$$|(R^*w^F - R_p^*w^F, h)_{L_2(\Omega)}| = |\int_0^\pi u(\varphi) \, d\varphi - \frac{\pi}{p}\sum_{j=0}^{p-1} u(\varphi_j)|$$

$$\leq \frac{\pi}{p}\int_0^\pi |u'(\varphi)|d\varphi.$$

Der folgende Satz 2 schätzt den Filter-Fehler ab:

<u>Satz 2:</u> Für jedes $f \in C_0^\infty(\Omega)$ und $\beta \leq \alpha$ gilt

$$|f - R^*w^F|_{H^\beta} \leq \varepsilon(\alpha-\beta,F)|f|_{H^\alpha},$$

$$\varepsilon(\gamma,F) = \sup |1-F(\sigma)|\sigma^{-\gamma}$$

<u>Beweis:</u> Aus (2.1) folgt

$$(R^*v)^\wedge(\sigma\omega) = |\sigma|^{-1}\hat{v}(\sigma,\omega)$$

und damit

$$|R^*v|^2_{H^\beta} = \int |\xi|^{2\beta} \, |(R^*v)^\wedge(\xi)|^2 \, d\xi$$

$$= \int_0^{2\pi}\int_0^\infty \sigma^{2\beta+1} |(R^*v)^\wedge(\sigma\omega)|^2 \, d\sigma \, d\varphi$$

$$= \int_0^{2\pi}\int_0^\infty \sigma^{2\beta-1} |\hat{v}(\sigma,\omega)|^2 \, d\sigma \, d\varphi .$$

Wenden wir dies auf $w-w^F$ an Stelle von v an, so erhalten wir wegen

$$\hat{w}(\sigma,\omega) = |\sigma|\hat{f}(\sigma\omega), \quad \hat{w}^F(\sigma,\omega) = |\sigma|F(\sigma)\hat{f}(\sigma\omega)$$

die Abschätzung

$$|R^*w-R^*w^F|^2_{H^\beta} = \int_0^{2\pi}\int_0^\infty \sigma^{2\beta+1}(1-F(\sigma))^2|\hat{f}(\sigma\omega)|^2 \, d\sigma \, d\varphi$$

$$(2.7) \qquad = \int_{\mathbb{R}^2} |\xi|^{2\beta}(1-F(|\xi|))^2|\hat{f}(\xi)|^2 \, d\xi$$

$$\leq \varepsilon(\alpha-\beta,F)|f|^2_{H^\alpha} .$$

Wegen $f = R^*w$ ist dies die Behauptung.

Sei nun $H_0^\alpha(\Omega)$ der Abschluß von $C_0^\infty(\Omega)$ bezüglich der H^α-Norm. Wir erhalten als Fehlerabschätzung für die gefilterte Rückprojektion den

<u>Satz 3:</u> Sei $\frac{1}{2} < \alpha \leq 1$ und $f \in H_0^\alpha(\Omega)$. Dann gilt

$$\|f-f_p^F\|_{L_2(\Omega)} \leq \left(\frac{C}{p}\,\rho(\alpha,F)+\varepsilon(\alpha,F)\right)\|f\|_{H^\alpha} .$$

<u>Beweis:</u> Die Abschätzung folgt aus Satz 1 und Satz 2 zunächst für $f \in C_o^\infty(\Omega)$ und dann durch Grenzübergang für $f \in H_o^\alpha(\Omega)$. Die Einschränkung $\alpha > \frac{1}{2}$ soll sicherstellen, daß Linienintegrale wohldefiniert sind und damit f_p^F überhaupt einen Sinn hat.

Für den idealen Tiefpaß berechnet man

$$\rho(\alpha,F) = \sigma_o^{1-\alpha}, \quad \varepsilon(\alpha,F) = \sigma_o^{-\alpha},$$

also

$$\|f-f_p^F\| \leq \left(\frac{c}{p}\,\sigma_o^{1-\alpha}+\sigma_o^{-\alpha}\right)\|f\|_{H^\alpha}. \tag{2.8}$$

Wählt man σ_o proportional zu p, etwa $\sigma_o = Kp$, so folgt

$$\|f-f_p^F\| \leq p^{-\alpha}(cK^{1-\alpha}+K^{-\alpha})\|f\|_{H^\alpha}. \tag{2.9}$$

Damit hat man tatsächlich die in § 1 genannte Genauigkeit erreicht.

Wir schließen diesen Abschnitt mit einigen Bemerkungen:

1) Der praktisch interessante Fall ist $\alpha \sim 1/2$, vergl. [5]. Man kann die Fehlerordnung $p^{-\alpha}$ auch für $\alpha \geq 1$ beweisen; dies ist aber praktisch ohne Bedeutung.

2) Die L_2-Norm ist kein gutes Maß für den Fehler von Bildern. Sie unterdrückt kleine Details, was praktisch sehr unerwünscht ist. Den kleinen Details im Fehler $e = f-f_p^F$ kann man dadurch mehr Gewicht verleihen, daß man $|\hat{e}|$ mit einer monoton wachsenden Funktion von $|\xi|$, etwa $(1+|\xi|^2)^{\beta/2}$ mit $\beta > 0$ multipliziert und dann erst die L_2-Norm bildet. So kommt man dazu, $\|e\|_{H^\beta}$ als Fehlermaß zu betrachten. Für $f \in H_o^\alpha(\Omega)$ kommen nur Werte von β mit $0 \leq \beta \leq \alpha$ in Betracht. In der Praxis möchte man kleine Details so stark wie möglich

berücksichtigt finden, d. h. man wird $\beta = \alpha$ wählen und damit den Rekonstruktionsfehler durch $\|e\|_{H^\alpha}$ ausdrücken.

3) Man kann nun versuchen, den Filter F so zu wählen, daß $\|e\|_{H^\alpha}$ möglichst klein wird. Mit einigem Aufwand kann man Satz 1 auf die H^α-Norm übertragen; er lautet dann

$$|R^*w^F - f_p^F|_{H^\beta} \leq \frac{C}{p}\,\rho(\alpha-\beta,F)\|f\|_{H^\alpha}.$$

Dem Beweis zu Satz 2 entnimmt man die Formel (2.7), d. h.

$$|f-R^*w^F|^2_{H^\beta} = \int_{\mathbf{R}^2} |\xi|^{2\beta}(1-F(|\xi|))^2 |\hat{f}(\xi)|^2 \, d\xi.$$

Es ist daher naheliegend, einen optimalen Filter F durch die Forderung

Maximiere F unter der Nebenbedingung $\rho(\alpha-\beta,F) \leq \sigma_o$

zu bestimmen. Eine Lösung dieser Optimierungsaufgabe für den praktisch wichtigen Fall $\beta = \alpha$ ist offenbar

$$(2.10) \qquad F(\sigma) = \begin{cases} 1, & |\sigma| \leq \sigma_o, \\ \frac{\sigma_o}{\sigma} & |\sigma| \geq \sigma_o. \end{cases}$$

Dieser Filter hängt also noch von einem Parameter σ_o ab, der die Rolle der Abschneidefrequenz übernimmt. Numerische Experimente mit diesem Filter finden sich im folgenden Paragraphen.

§ 3 NUMERISCHE EXPERIMENTE

Wir führen unsere Experimente an dem folgenden einfachen Testobjekt durch:

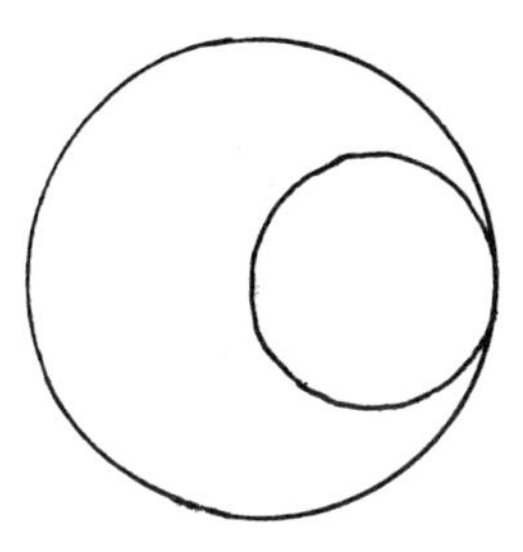

Fig. 1: Testobjekt

Es ist f = 1 in dem halbmondförmigen Gebiet und sonst f = 0. Der Radius des großen Kreises ist 0.3, der des kleinen Kreises 0.15.

Um den Fall vollständiger Projektionen gut anzunähern, werden für verhältnismäßig wenige Winkel (p = 6, 12, 18, 24, 30) die Funktionen $g(s,\omega_j)$ mit einer Schrittweite 1/512 analytisch berechnet. Mit diesen Daten wurden 3 Versuchsreihen durchgeführt:

1. Für verschiedene p und den idealen Tiefpaß mit $\sigma_o = p$ wird $\|f-f_p^F\|_{L_2(\Omega)}$, $\Omega = \{x \in \mathbb{R}^2 : |x| < 0.5\}$ berechnet. Die Resultate finden sich in Tabelle 1.

   Da $f \in H_o^\alpha(\Omega)$ für alle $\alpha < 1/2$, erwartet man auf Grund von (2.9), daß sich der Fehler wie $p^{-1/2}$ verhält. Dies wird durch die numerischen Resultate offenbar bestätigt.

2. Für festes p(=12) und den idealen Tiefpaß mit verschiedenen Abschneidefrequenzen σ_o werden L_2- und $H^{1/2}$-Fehler berechnet. Die Resultate finden sich in Tabelle 2. Beide Fehler nehmen für $\sigma_o \sim 10$ ihr Minimum an. Der L_2-Fehler ist in Figur 2 in Abhängigkeit von σ_o aufgetragen. Wie nach (2.8) zu erwarten, hat er die Form

$$a\,\sigma_o^{1/2} + b\,\sigma_o^{-1/2}$$

mit Konstanten a, b, welche durch die Methode der kleinsten Quadrate zu

$$a = 0.021 \quad b = 0.238$$

bestimmt wurden.

3. Für festes p(=12) und den optimalen Filter (2.10) (der bei $\sigma = 64$ abgeschnitten wurde) mit verschiedenen Werten des Parameters σ_o werden L_2- und $H^{1/2}$-Fehler berechnet. Die Resultate finden sich in Tabelle 3. Beide Fehler nehmen für $\sigma_o \sim 5$ ihr Minimum an; die minimalen Werte sind etwa um 10 % kleiner als die minimalen Werte beim idealen Tiefpaß (vergl. die 1. Meßreihe bzw. Tabelle 2).

p	$\|f-f_p^F\|_{L_2(\Omega)}$	$p^{1/2}\|f-f_p^F\|_{L_2(\Omega)}$
6	0.175	0.43
12	0.130	0.45
18	0.121	0.51
24	0.096	0.47
30	0.092	0.50

Tabelle 1: L_2-Fehler für Rekonstruktion von p vollständigen Projektionen mit idealem Tiefpaß mit $\sigma_o = p$.

σ_o	$\|f-f_{12}^F\|_{H^{1/2}}$	$\|f-f_{12}^F\|_{L_2(\Omega)}$
3	0.330	0.192
6	0.294	0.147
8	0.278	0.130
10	0.278	0.128
12	0.281	0.130
16	0.307	0.143
20	0.334	0.154
30	0.401	0.175

Tabelle 2: L_2- und $H^{1/2}$-Fehler für Rekonstruktion von 12 vollständigen Projektionen mit idealem Tiefpaß mit Abschneidefrequenz σ_o.

σ_o	$\|f-f_{12}^F\|_{H^{1/2}}$	$\|f-f_{12}^F\|_{L_2(\Omega)}$
2	0.313	0.211
3	0.259	0.127
4	0.249	0.117
5	0.246	0.113
8	0.263	0.121
10	0.287	0.133
20	0.382	0.171

Tabelle 3: L_2- und $H^{1/2}$-Fehler für Rekonstruktion von 12 vollständigen Projektionen mit optimalem Filter mit Parameter σ_o.

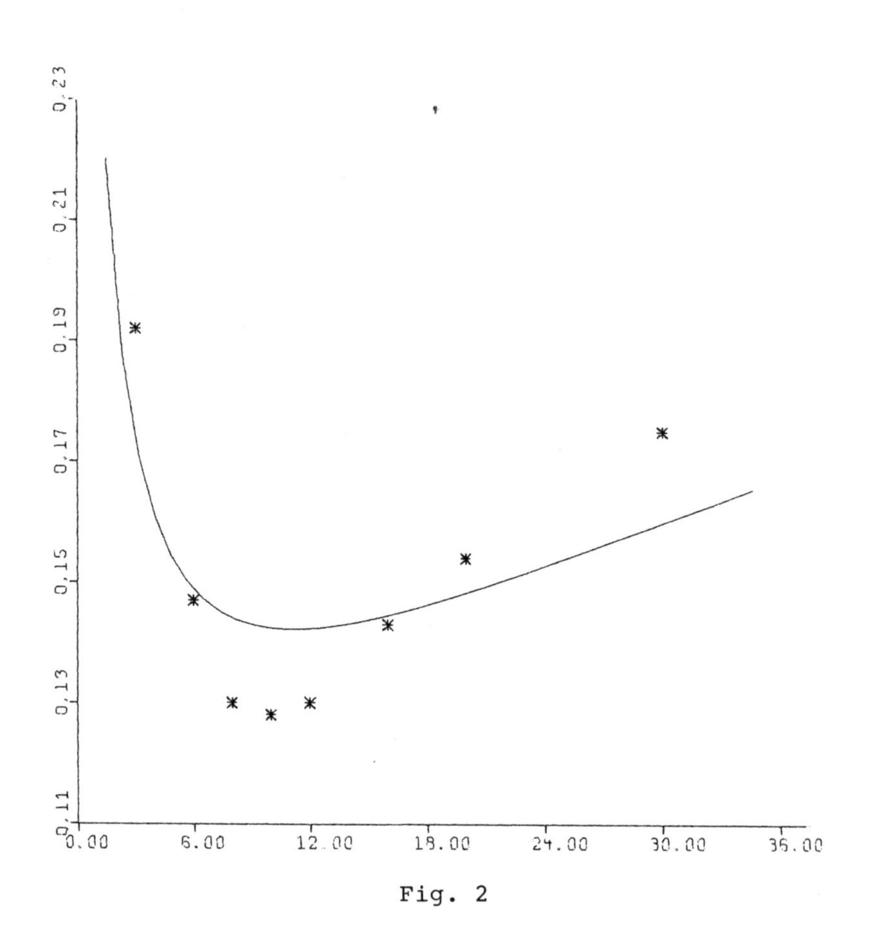

Fig. 2

§ 4 SCHLUSSBEMERKUNGEN

Von den vielen Rekonstruktionsfehlern der gefilterten Rückprojektion haben wir einen einzigen herausgegriffen und analysiert, nämlich den durch die Verfügbarkeit von nur endlich vielen Projektionen entstehenden Fehler. Wir haben eine Abschätzung für diesen Fehler gefunden, welche im Großen und Ganzen durch numerisch-experimentelle Untersuchungen bestätigt wurde, und welche sich daher wohl kaum noch wesentlich verbessern läßt. Auf Grund dieser Fehlerabschätzung wurde ein optimaler Filter hergeleitet, welcher in der Tat bezüglich zweier verschiedener Fehlermaße einen um etwa 10 % kleineren Fehler als der ideale Tiefpaß liefert. Da sich unsere Fehlerabschätzung als praktisch bestmöglich erwiesen hat, ist anzunehmen, daß auch unser optimaler Filter nicht wesentlich verbessert werden kann. Es ergibt sich, daß der ideale Tiefpaß (bezüglich der hier verwendeten Fehlermaße) bis auf etwa 10 % bereits der bestmögliche Filter ist und damit eine wesentliche Verbesserung bekannter Rekonstruktionsverfahren vom Typ der gefilterten Rückprojektion kaum möglich sein dürfte.

Es soll betont werden, daß diese Schlußfolgerung nur für den hier betrachteten Fehler gültig ist. Im Falle endlicher Abtastraten innerhalb der Projektionen oder bei verrauschten Daten kann die Situation vollkommen anders sein.

§ 5 LITERATUR

[1] Budinger, T. F., Gulberg, G. T.: Three-Dimensional Reconstruction in Nuclear Medicine Emission Imaging, IEEE Transaction on Nuclear Science, 21, 2-20 (1974).

[2] Gordon, R. (ed.): Image Processing for 2-D and 3-D Reconstruction from Projections: Theory and Practice in Medicine and the Physical Sciences. Optical Society of America, 2000 L Street N.W., Washington D.C. 20036.

[3] Lewitt, R. M., Bates, R. H. T., Peters, T. M.: Image Reconstruction From Projections: II: Modified Backprojection Methods, Optik 50, 85-109 (1978).

[4] Ludwig, D.: The Radon Transform on Euclidean Space, Comm. Pure Applied Math. 19, 49-81 (1966).

[5] Natterer, F.: A Sobolev Space Analysis of Picture Reconstruction. Technischer Bericht FB 10 der Universität des Saarlandes, 6600 Saarbrücken.

[6] Radon, J.: Über die Bestimmung von Funktionen durch ihre Integralwerte längs gewisser Mannigfaltigkeiten, Berichte Sächsische Akademie der Wissenschaften 69, 262-279 (1917).

[7] Ramachandran, G. N., Lakshminarayanan, A. V.: Three-dimensional Reconstruction from Radiography and Electron Micrographs: Application of Convolutions Instead of Fourier Transforms, Proc. Nat. Acad. Sci. U. S. 68, 2236 - 2240 (1971).

[8] Smith, K. T., Solmon, D. C., Wagner, S. L.: Practical and Mathematical Aspects of the Problem of Reconstructing Objects from Radiographs. Bul. AMS.

EIN QUOTIENTENEINSCHLIESSUNGSSATZ FÜR DEN KRITISCHEN PARAMETER NICHTLINEARER RANDWERTAUFGABEN

Heinrich Voss und Bodo Werner

1. Einleitung

Wir betrachten Randwertaufgaben der folgenden Gestalt:

$$\left.\begin{array}{ll} Lu(x) = \lambda\, f(x, u(x)) , & x \in \Omega \\ Bu(x) = 0 , & x \in \partial\Omega \end{array}\right\} \quad (P_\lambda)$$

Dabei bezeichnet $\Omega \subset \mathbb{R}^n$ ein beschränktes Gebiet, L einen linearen, gleichmäßig elliptischen Differentialoperator zweiter Ordnung und B einen Randoperator erster Ordnung, so daß die Voraussetzungen des starken Maximumprinzips erfüllt sind.

Ist $f : \bar{\Omega} \times \mathbb{R}_+ \to \mathbb{R}_+$ monoton wachsend im zweiten Argument und sind die üblichen Glattheitsvoraussetzungen erfüllt, so ist bekannt (vgl. Hudjaev [7]), daß

$$\Lambda := \{\lambda > 0 : (P_\lambda) \text{ besitzt eine positive Lösung}\}$$

ein reelles Intervall ist.

$\lambda^* := \sup \Lambda$ heißt kritischer Parameter. Dieser Name wird durch die Anwendungen motiviert: Beispielsweise wird die Temperaturverteilung in einem Gemisch, dessen Bestandteile exotherm miteinander reagieren, (unter vereinfachenden Voraussetzungen) beschrieben durch die Anfangsrandwertaufgabe

$$u_t = \Delta u + \lambda e^u$$

mit homogenen Anfangs- und Randbedingungen. Im Verlauf des Prozesses nimmt die Temperatur zu, und es kann zu einer thermischen Explosion kommen, wenn nicht genügend viel Wärme am Rande an die Umgebung abgegeben wird.

Dies ist genau dann der Fall, wenn das zugehörige stationäre Problem

$$-\Delta u = \lambda e^u \text{ in } \Omega , \quad u = 0 \text{ auf } \partial\Omega ,$$

keine positive Lösung besitzt, also $\lambda > \lambda^*$ gilt.
Weitere Anwendungen, bei denen λ^* ebenfalls den (im physikalischen Sinne) kritischen vom unkritischen Parameterbereich trennt, findet man in [8], [9] und der dort zitierten Literatur.
In dieser Arbeit beweisen wir einen Einschließungssatz für λ^*, den man als Analogon des Quotienteneinschließungssatzes für lineare Eigenwertprobleme (Collatz [4]) auffassen kann. Die unteren Schranken für λ^* in Wake [13], Bandle [2] und Bandle - Markus [3] und die oberen Schranken in Hudjaev [7], Keller - Cohen [9] und Joseph - Sparrow [8] lassen sich zum Teil hieraus ableiten.
Aus dem Quotienteneinschließungssatz folgen Aussagen über die (monotone) Abhängigkeit des kritischen Parameters λ^* von der nichtlinearen Quellenfunktion f, vom Gebiet Ω, vom Differentialoperator L und vom Randoperator B.
Im Gegensatz zu den hier behandelten a priori Schranken liefert das Vorgehen in [10] a posteriori Schranken: Unter der zusätzlichen Voraussetzung, daß f strikt konvex ist, ist das Newton Verfahren für (P_λ) mit dem Startwert $u_o \equiv 0$ genau dann monoton, wenn $\lambda \in \Lambda$. Man kann also für festes $\lambda > 0$ aus dem Monotonieverhalten der Newton-Folge ablesen, ob λ eine untere oder obere Schranke von λ^* ist.

2. Problemstellung

Es sei Ω ein beschränktes Gebiet des $\mathbb{R}^n$ mit dem Rand $\partial\Omega \in C^{2+\mu}$, $0 < \mu < 1$. Wir betrachten den linearen, gleichmäßig elliptischen Differentialoperator

$$Lu := - \sum_{i,j=1}^{n} a_{ij} D_i D_j u + \sum_{i=1}^{n} a_i D_i u + a_o u$$

mit reellen Koeffizientenfunktionen $a_{ij}, a_i, a_o \in C^\mu(\bar{\Omega})$, $a_{ij} = a_{ji}$ und $a_o \geq 0$.
Dabei bezeichnet $\geq$ die natürliche Halbordnung ($a_o(x) \geq 0$ für alle $x \in \bar{\Omega}$). Ist $a_o \geq 0$ und $a_o \not\equiv 0$, so schreiben wir

$a_o > 0$.

Der Randoperator B sei gegeben durch

$$Bu := b_o u + \delta \frac{\partial u}{\partial n} ,$$

wobei n die äußere Normale auf $\partial\Omega$ bezeichnet und entweder $b_o \equiv 1$ und $\delta = 0$ (Dirichletsche Randbedingung) oder $\delta = 1$ und $b_o \in C^{1+\mu}(\partial\Omega)$ (Neumannsche oder dritte Randbedingung) gilt. Im zweiten Fall setzen wir voraus, daß $b_o \geq 0$ und nicht gleichzeitig $a_o \equiv 0$ und $b_o \equiv 0$ gilt.
Unter diesen Voraussetzungen ist (L,B) inversmonoton. Es gilt sogar (vgl. Amann [1], Lemma 5.3)

Lemma 1: Es sei $u \in C^2(\bar{\Omega})$ mit $Lu > 0$, $Bu = 0$ und $e \in C^{2+\mu}(\Omega)$ die eindeutige Lösung von

$$Le \equiv 1 , \quad Be = 0 .$$

Dann existieren positive Konstanten $\alpha(u)$, $\beta(u)$ mit

$$\alpha(u)\, e \leq u \leq \beta(u)\, e .$$

Über den nichtlinearen Anteil von (P_λ) setzen wir voraus, daß $f : \bar{\Omega} \times \mathbb{R}_+ \to \mathbb{R}_+$ lokal Hölder-stetig und monoton wachsend im zweiten Argument ist.
Wir nennen eine Funktion $u \in C^2(\bar{\Omega})$ eine Unterlösung von (P_λ), falls gilt

$$Lu \leq \lambda\, f(\cdot,u) \text{ in } \Omega , \quad Bu \leq 0 \text{ auf } \partial\Omega ,$$

und eine Oberlösung von (P_λ), falls gilt

$$Lu \geq \lambda\, f(\cdot,u) \text{ in } \Omega , \quad Bu \geq 0 \text{ auf } \partial\Omega .$$

Eine Unterlösung (bzw. Oberlösung) heißt strikte Unterlösung (bzw. Oberlösung), wenn sie keine Lösung von (P_λ) ist.

Wegen der Monotonie von f erhält man aus dem Schauderschen Satz das folgende Existenzprinzip:

<u>Satz 2:</u> Ist u eine Unterlösung und v eine Oberlösung von (P_λ) und gilt $u \leq v$, so besitzt (P_λ) eine Lösung u_λ mit $u \leq u_\lambda \leq v$.

3. Einschließungsaussagen

Untere Schranken für λ^* erhält man sofort aus dem in Abschnitt 2 angegebenen Existenzprinzip:

<u>Satz 3:</u> Es sei $f(\cdot,0) > 0$ und $u \in C^2(\bar{\Omega})$ mit $Lu > 0$ in Ω, $Bu \geq 0$ auf $\partial\Omega$. Dann gilt

$$\underline{\lambda}(u) := \inf_{x\in\Omega} \frac{Lu(x)}{f(x,u(x))} \leq \lambda^* . \tag{3.1}$$

<u>Beweis:</u> Offenbar ist $u > 0$ eine Oberlösung von $(P_{\underline{\lambda}(u)})$ und wegen $f(\cdot,0) > 0$ ist 0 eine strikte Unterlösung.

<u>Bemerkungen:</u> 1. Ist $\lambda \in \Lambda$ und u_λ eine positive Lösung von (P_λ), so gilt $\underline{\lambda}(u_\lambda) = \lambda$. Daher ist die Schranke in (3.1) scharf in dem folgenden Sinne:

$$\lambda^* = \sup \{\underline{\lambda}(u) : u \in C^2(\bar{\Omega}) , \ Lu > 0 , \ Bu \geq 0\}. \tag{3.2}$$

Ferner kann man erwarten, daß Satz 3 eine gute Schranke für λ^* liefert, wenn man für u eine gute Näherung einer positiven Lösung von (P_{λ^*}) (bzw. von (P_λ) für nahe bei λ^* liegende $\lambda < \lambda^*$ im Falle $\Lambda = (0,\lambda^*)$) wählt.

2. Unmittelbar aus Satz 3 folgt natürlich auch

$$\sup_{\alpha>0} \inf_{x\in\Omega} \frac{\alpha\, Lu(x)}{f(x,\alpha u(x))} \leq \lambda^* , \tag{3.3}$$

wobei u die Voraussetzungen aus Satz 3 erfüllt.

Aus der Charakterisierung (3.2) von λ^* folgt ein Vergleichssatz, der es gestattet, den kritischen Wert einer Randwertaufgabe durch den einer benachbarten Vergleichsaufgabe abzuschätzen:

<u>Satz 4:</u> Der Aufgabe (P_λ) stehe die Randwertaufgabe

$$\left.\begin{aligned} \tilde{L}u(x) &= \lambda\, \tilde{f}(x,u(x))\,, & x \in \Omega \\ \tilde{B}u(x) &= 0 \,, & x \in \partial\Omega \end{aligned}\right\} \quad (\tilde{P}_\lambda)$$

gegenüber, wobei $\tilde{L}$, $\tilde{B}$, $\tilde{f}$ die entsprechenden Eigenschaften von L, B, f haben. Es gelte

(i) $\tilde{f}(x,u) \leq f(x,u)$ für alle $(x,u) \in \bar{\Omega} \times \mathbb{R}_+$

(ii) $Lu > 0\,,\ Bu = 0 \Rightarrow \tilde{L}u \geq Lu\,,\ \tilde{B}u \geq 0\,.$

Dann folgt für den kritischen Parameter $\tilde{\lambda}^*$ von $(\tilde{P}_\lambda)$

$\tilde{\lambda}^* \geq \lambda^*\,.$

<u>Beweis:</u> Ist $\lambda \in \Lambda$ und u_λ eine Lösung von (P_λ), so folgt wegen (ii) aus Satz 3

$$\tilde{\lambda}^* \geq \inf_{x\in\Omega} \frac{\tilde{L}u_\lambda(x)}{\tilde{f}(x,u_\lambda(x))} \geq \inf_{x\in\Omega} \frac{Lu_\lambda(x)}{f(x,u_\lambda(x))} = \lambda\,.$$

<u>Bemerkungen:</u> 3. (ii) ist erfüllt, falls $\tilde{a}_0 \geq a_0\,, \tilde{b}_0 \geq b_0\,,$ ein Teil der Randbedingungen 2. oder 3. Art durch solche 1. Art ersetzt werden, ansonsten jedoch $(\tilde{L},\tilde{B})$ gegenüber (L,B) unverändert bleibt.

4. Der Vergleichssatz in Fradkin - Wake [6, S. 436] ist ein Spezialfall von Satz 4.

5. Wir geben ein Beispiel für die Anwendung von (3.1) und Satz 4:

$$\left.\begin{aligned} -\Delta u(x) + \rho(x)\, u &= \lambda\, e^u \quad \text{im Einheitskreis } \Omega \subset \mathbb{R}^2 \\ u &= 0 \quad \text{auf } \partial\Omega\,, \end{aligned}\right\} \quad (3.4)$$

für dessen kritischen Parameter $\lambda^*(\rho)$ sofort aus Satz 4

$\lambda^*(\rho) \geq 2 = \rho^*(0) \quad$ für $\rho \geq 0$

folgt. Ist $u > 0$ eine Lösung von (3.4), so folgt aus (3.1)

$$\lambda^*(0) = 2 \geq \inf_{x\in\Omega} \frac{\lambda e^{u(x)} - \rho(x)\, u(x)}{e^{u(x)}} \geq \lambda - \frac{\|\rho\|_\infty}{e},$$

also $\lambda^*(\rho) \leq 2 + \dfrac{\|\rho\|_\infty}{e}$.

Zur Konstruktion von oberen Schranken benötigen wir zunächst

Lemma 5: Sei $\lambda \in \Lambda$ und $u \in C^2(\bar{\Omega})$ mit
$Lu > 0$ in Ω, $Bu = 0$ auf $\partial\Omega$.
Dann existiert ein $\alpha > 0$, so daß $\alpha \cdot u$ keine strikte Unterlösung von (P_λ) ist.

Beweis: Es sei u_λ eine positive Lösung von (P_λ) und $\alpha \geq 0$ so gewählt, daß gilt

$\alpha u \leq u_\lambda$, $\tilde{\alpha} u \not\leq u_\lambda$ für $\tilde{\alpha} > \alpha$.

Wir nehmen an, daß αu eine strikte Unterlösung von (P_λ) ist. Dann gilt wegen der Monotonie von f

$L(u_\lambda - \alpha u) > \lambda\, (f(\cdot,u_\lambda) - f(\cdot,\alpha u)) \geq 0, \quad B(u_\lambda - \alpha u) = 0$.

Nach Lemma 1, angewendet auf $u_\lambda - \alpha u$ bzw. u, existieren $\beta > 0$ und $\gamma > 0$ mit

$\beta e \leq u_\lambda - \alpha u$, $u \leq \gamma e$,

d.h. $(\alpha + \frac{\beta}{\gamma})\, u \leq \alpha u + \beta e \leq u_\lambda$

im Widerspruch zur maximalen Wahl von α.

Es sei nun u wie in Lemma 5 fest vorgegeben. Dann besteht für

$$\lambda > \bar{\lambda}(u) := \sup_{\alpha>0,\, x\in\Omega} \frac{\alpha\, Lu(x)}{f(x,\alpha u(x))}$$

der ganze Halbstrahl αu, $\alpha \geq 0$, aus strikten Unterlösungen von (P_λ). Daher hat man

Satz 6: Es sei $u \in C^2(\bar{\Omega})$ mit $Lu > 0$, $Bu = 0$. Dann gilt

$$\lambda^* \leq \sup_{\alpha>0, x\in\Omega} \frac{\alpha\, Lu(x)}{f(x,\alpha u(x))} . \tag{3.5}$$

Bemerkungen: 6. (3.3) und (3.5) zusammen kann man als Analogon des Quotienteneinschließungssatzes von Collatz (vgl. [4]) für lineare Eigenwertprobleme auffassen. Der Beweis von Satz 3 ist jedoch nicht für den linearen Fall richtig, da wir $f(\cdot,0) > 0$ voraussetzen müssen.

7. Die Schranke in (3.5) ist i.a. nicht scharf.

Korollar 7: Es sei μ_1 der erste Eigenwert des linearen Problems

$$Lu = \mu u \quad , \quad Bu = 0$$

und e wie in Lemma 1. Dann gilt

$$\frac{1}{\|e\|_\infty} \sup_{\alpha>0} \inf_{x\in\Omega} \frac{\alpha}{f(x,\alpha)} \leq \lambda^* \leq \mu_1 \sup_{\alpha>0, x\in\Omega} \frac{\alpha}{f(x,\alpha)} . \tag{3.6}$$

Beweis: Wir wählen in (3.3) $u = e$. Dann gilt wegen der Monotonie von f

$$\lambda^* \geq \sup_{\alpha>0} \inf_{x\in\Omega} \frac{\alpha}{f(x,\alpha e(x))} \geq \sup_{\alpha>0} \inf_{x\in\Omega} \frac{\alpha}{f(x,\alpha\|e\|_\infty)}$$

$$= \frac{1}{\|e\|_\infty} \sup_{\alpha>0} \inf_{x\in\Omega} \frac{\alpha}{f(x,\alpha)} .$$

Sei u die (positive) Eigenfunktion zu μ_1. Dann erhält man aus (3.5)

$$\lambda^* \leq \sup_{\alpha>0, x\in\Omega} \frac{\mu_1 \alpha u(x)}{f(x,\alpha u(x))} \leq \mu_1 \sup_{\alpha>0, x\in\Omega} \frac{\alpha}{f(x,\alpha)} .$$

Besitzt f die spezielle Gestalt

$f(x,u) = \rho(x)\ g(u)$

mit $\rho \in C_+(\Omega)$, $\rho > 0$, und $g : \mathbb{R}_+ \to \mathbb{R}_+$ monoton wachsend, so erhält man auf ähnliche Weise

Korollar 8: Es gilt

$$\frac{1}{\| v \|_\infty} \sup_{\alpha>0} \frac{\alpha}{g(\alpha)} \leq \lambda^* \leq \mu_1 \sup_{\alpha>0} \frac{\alpha}{g(\alpha)}, \tag{3.7}$$

wobei v die eindeutige Lösung von

$Lv = \rho$, $Bv = 0$

und μ_1 den ersten Eigenwert von

$Lu = \mu \rho u$, $Bu = 0$

bezeichnet.

Bemerkungen: 8. Die Schranken in (3.6) bzw. (3.7) sind stets berechenbar. Man kann leicht mit Hilfe der Inversmonotonie von (L,B) und Approximationsmethoden (vgl. Collatz - Krabs [5]) eine obere Schranke für $\| e \|_\infty$ bzw. $\| v \|_\infty$ bestimmen. Obere Schranken für den ersten Eigenwert erhält man mit Hilfe des Ritz Verfahrens.
9. Die untere Schranke in (3.7) wurde für den Spezialfall $L = -\Delta$ mit Dirichletschen Randbedingungen von Bandle [2] angegeben, wobei zusätzlich $\| e \|_\infty$ mit Hilfe des Volumens von Ω abgeschätzt wird. Die obere Schranke in (3.7) findet sich für selbstadjungiertes L in Hudjaev [7].

Beispiele: 1. Wir betrachten

$-u'' = \lambda e^u$, $u(0) = u(1) = 0$.

Dann liefert Korollar 8 die Einschließung

$(2.943 \leq)\ \frac{8}{e} \leq \lambda^* \leq \frac{\pi^2}{e}\ (\leq 3.631)$.

Mit einem Polynomansatz mit 5 freien Parametern erhält man aus Satz 3 die bessere untere Schranke

$3.5029 \leq \lambda^*$.

Für dieses Beispiel ist $\lambda^* = 3.5138$ bekannt.

2. $-\Delta u = \lambda e^u \quad \text{in } \Omega := \{(x_1, x_2) : \frac{x_1^2}{4} + x_2^2 < 1\}$

$u = 0 \quad \text{auf } \partial\Omega$.

Korollar 8 liefert (unter Benutzung der in [12] angegebenen Schranke $\mu_1 \leq 3.568$ für den ersten Eigenwert)

$0.9197 \leq \lambda^* \leq 1.3126$.

Mit einem Polynomansatz mit 3 freien Parametern erhält man die bessere untere Schranke

$1.0828 \leq \lambda^*$.

4. Gebietsabhängigkeit von λ^*

Durch Korollar 7 und 8 ist der Einfluß des linearen und des nichtlinearen Anteils von (P_λ) auf den kritischen Parameter λ^* getrennt worden. Man kann daher untersuchen, wie λ^* vom Gebiet Ω abhängt. Wir demonstrieren dies an einem einfachen Beispiel. Wir betrachten die Randwertaufgabe

$$\begin{aligned} -\Delta u &= \lambda g(u) \quad \text{in } \Omega := \{x \in \mathbb{R}^n : \sum_{i=1}^{n} \frac{x_i^2}{a_i^2} < 1\} \\ u &= 0 \quad \text{auf } \partial\Omega . \end{aligned} \tag{4.1}$$

Dann ist e berechenbar, und es gilt $\| e \|_\infty^{-1} = 2 \sum_{i=1}^{n} \frac{1}{a_i^2}$.

Setzt man $Q := \left\{ x \in \mathbb{R}^n : |x_i| < \frac{a_i}{\sqrt{n}} \right\} \subset \Omega$, so gilt für den ersten Eigenwert $\mu_1(\Omega) \leq \mu_1(Q) = \frac{n\pi^2}{4} \sum_{i=1}^{n} \frac{1}{a_i^2}$,

und man erhält aus Korollar 8 die Einschließung

$$2 \sum_{i=1}^{n} \frac{1}{a_i^2} \cdot C \leq \lambda^*(\Omega) \leq \frac{n\pi^2}{4} \sum_{i=1}^{n} \frac{1}{a_i^2} \cdot C \qquad (4.2)$$

mit $C := \sup_{\alpha>0} \frac{\alpha}{g(\alpha)}$.

(Für den Fall n = 2 ist die bessere obere Schranke

$\frac{j^2}{2} \sum_{i=1}^{2} \frac{1}{a_i^2}$ für den ersten Eigenwert bekannt, wobei

$j \approx 2.4048$ die kleinste positive Nullstelle von $J_o(x)$ bezeichnet; vgl. Pólya - Szegö [11].)
Da sich die untere und die obere Schranke für λ^* nur um einen konstanten Faktor unterscheiden, der unabhängig von den Halbachsen a_i des Ellipsoids Ω ist, liest man aus (4.2) unmittelbar ab:

Geht ein a_i gegen O, so wächst λ^* wie $\frac{1}{a_i^2}$ über alle Grenzen, wachsen alle a_i gegen ∞, so fällt λ^* wie $(\min_i a_i^2)^{-1}$ gegen O .

Literatur

1 Amann, H.: On the Number of Solutions of Nonlinear Equations in Ordered Banach Spaces. J. Funct. Anal. 11, 346 - 384 (1972)

2 Bandle, C.: Existence Theorems, Qualitative Results and A Priori Bounds for a Class of Nonlinear Dirichlet Problems. Arch. Rat. Mech. Anal. 58, 219 - 238 (1975)

3 Bandle, C. - Markus, M.: Comparison Theorems for a Class of Nonlinear Dirichlet Problems. J. Diff. Equ. 26, 321 - 334 (1977)

4 Collatz, L.: Eigenwertaufgaben mit technischen Anwendungen. Leipzig, Akademische Verlagsgesellschaft 1963

5 Collatz, L. - Krabs, W.: Approximationstheorie. Stuttgart, Teubner 1973

6 Fradkin, L.J. - Wake, G.J.: Perturbations of the Spectrum of Nonlinear Eigenvalue Problems. J. Math. Anal. Appl. 66, 433 - 441 (1978)

7 Hudjaev, S.I.: Boundary Problems for Certain Quasilinear Elliptic Equations. Soviet Math. Dokl. 5, 188 - 192 (1964)

8 Joseph, D.D. - Sparrow, E.M.: Nonlinear Diffusion Induced by Nonlinear Sources. Quart. Appl. Math. 28, 327 - 342 (1970)

9 Keller, H.B. - Cohen, D.S.: Some Positone Problems by Nonlinear Heat Generation. J. Math. Mech. 16, 1361 - 1376 (1967)

10 Mooney, J.W. - Voss, H. - Werner, B.: The Dependence of Critical Parameter Bounds on the Monotonicity of a Newton Sequence. Zur Veröffentlichung eingereicht bei Numer. Math.

11 Pólya, G. - Szegö, G.: Isoperimetric Inequalities in Mathematical Physics. Princeton, Princeton University Press 1951

12 Trefftz, E.: Über Fehlerabschätzung bei Berechnung von Eigenwerten. Math. Ann. 108, 595 - 604 (1933)

13 Wake, G.C.: An Improved Bound for the Critical Explosion Condition of an Exothermic Reaction in an Arbitrary Shape. Combustion and Flame 17, 171 - 174 (1971)

EXTRAPOLATIONSMETHODEN ZUR BESTIMMUNG DER BEWEGLICHEN SINGULARITÄTEN VON LÖSUNGEN GEWÖHNLICHER DIFFERENTIALGLEICHUNGEN

Helmut Werner

In this paper we describe a technique for the localization of the movable singularities that arise with the solutions y(x) of initial value problems of ordinary differential equations. The main tool are non linear splines u(x) that approximate y(x) with respect to its singular behaviour, containing the location x* and the order of the singularity as parameters used to achieve a good matching of u(x) to y(x). Furthermore an extrapolation technique is employed to get upper and lower bounds for x*.

Die Entwicklung der Hilfsmittel des praktischen Mathematikers, insbesondere der elektronischen Rechenanlagen, in den letzten Jahren blieb nicht ohne Einfluß auf die numerischen Methoden. Aber nicht nur die Methoden änderten sich, es wurde auch zwingend erforderlich, daß die Methoden durch scharfe Aussagen über die Größe der entstehenden Fehler ergänzt wurden.

Als Pionier auf diesem Gebiet darf man Herrn Collatz bezeichnen, den zu ehren wir in Hamburg zusammengekommen sind. Frühzeitig in der genannten Entwicklung bestand er auf scharfen Einschließungen für die Fehler; sein Vorgehen hat als Vorbild gedient für die Studie, die in diesem Vortrag dargestellt wird.

Mit der Größe und Geschwindigkeit der zur Verfügung stehenden Rechenanlagen wuchsen die numerischen Verfahren und es war notwendig, den Überblick über den dabei entstehenden Formelapparat zu behalten, einen geeigneten Formalismus zu entwickeln. Wieder darf man es als das Verdienst von Herrn Collatz ansehen, die von der Funktionalanalysis angebotenen Hilfsmittel der numerischen Mathematik nutzbar gemacht zu haben, besser noch, ihre Brauchbarkeit für diesen Zweck erkannt zu haben.

Diese beiden Punkte scheinen mir die von einem Numeriker zu fordernden Eigenschaften schlaglichtartig zu beleuchten. Er muß sich in der gesamten Mathematik so gut auskennen, daß er bei neuen Problemstellungen in der Lage ist, die für ihn am besten geeigneten Hilfsmittel zu finden und einzusetzen. Außerdem muß er, mit der Entwicklung der Zeit mitgehend, neue Verfahren entwickeln und die dafür geltenden Fehleraussagen herleiten.

Zu zeigen, wie die Collatzschen Prinzipien sich an einer speziellen Problemstellung erfüllen lassen, ist das Ziel dieser Arbeit.

Eingesetzt werden, neben den Methoden der komplexen Analysis bei gewöhnlichen Differentialgleichungen, asymptotische Entwicklungen, wie man sie beispielsweise auch bei den Fehlern partieller und gewöhnlicher Differentialgleichungen in Anlehnung an die klassischen Vorgehensweisen der analytischen Zahlentheorie findet.

1. Aufgabenstellung

Bei nichtlinearen Differentialgleichungen können die Lösungen bekanntlich Singularitäten besitzen, ohne daß dies der Differentialgleichung in irgendeiner Weise anzusehen ist. Die Lage dieser sogenannten beweglichen Singularitäten variiert mit dem Anfangswert der Lösung. Es sollen hier Methoden zur Bestimmung dieser Singularität entwickelt werden.

Natürlich sind Methoden, die auf polynomialen Ansätzen beruhen, ungeeignet. Die Annäherungen von Lösungen gewöhnlicher

Differentialgleichungen durch nichtlineare Splines führen zu einfachen Formeln, die es gestatten, zumindest asymptotisch, Einschließungen für die Lage der Singularität zu finden. Asymptotische Entwicklungen werden dazu verwendet, die Extrapolationstechnik einzusetzen und zu sichern.

Betrachtet werde das Anfangswertproblem

(1.1) $$y' = f(x,y) \ , \ y(x_0) = y_0,$$

dabei sei (der Einfachheit halber)

(1.2) $$f(x,y) = P(x,y) = y^m.p_m(x)+...+y.p_1(x)+p_0(x) \ , \ p_m(x)\not\equiv 0 \ ,$$

und vorausgesetzt werde $m>1$, da man sonst eine lineare Differentialgleichung vor sich hat. Die Funktionen $p_\nu(x)$ seien ebenfalls Polynome. Unter diesen Voraussetzungen, die sich leicht abschwächen lassen, ist die rechte Seite der Differentialgleichung in der gesamten xy-Ebene erklärt, und es sei $y(x)$ die "exakte" Lösung dieses Anfangswertproblems. Hat die Lösung nun in einem Punkte x^* eine Singularität, so gestattet sie nach der Theorie von Painlevé eine Reihenentwicklung der Form

(1.3) $$y(t) = c.t^\mu.(1+c_1.t^\gamma+c_2.t^{2\gamma}+...)$$

mit $t = x-x^*$. Den Exponenten μ erhält man durch "Exponentenvergleich", es muß gelten

(1.4) $$y'(t) = \mu.c.t^{\mu-1}+... = (c.t^\mu)^m.p_m(x^*)+...,$$

also

(1.5) $$\mu = \frac{-1}{m-1} \text{ und } c^{m-1} = \mu/p_m(x^*),$$

falls $p_m(x^*) \neq o$, was im folgenden vorausgesetzt werde, und durch einen weiteren Vergleich kann man auch γ bestimmen, $\gamma = -\nu.\mu$ mit $\nu \in \mathbb{N}$. Der durch (1.3) gegebene Ansatz für das lokale Verhalten der Lösung wird zu einem geeigneten Splineansatz zur Behandlung des Problems führen.

2. Näherungslösung der Anfangswertaufgabe mit regulären Splines.

Zunächst kann man allgemein annehmen, daß die Näherungslösungen $u(x,h)$, die zu einer gegebenen Schrittweite h ermittelt werden, aus einer Klasse von Funktionen stammen, die im gesamten Definitionsintervall zweimal stetig differenzierbar sind und lokal durch die Ableitungen parametrisiert werden

$$(2.1) \qquad u(z;x,u,u',u'',u''') \in C^3 \quad ;$$

dabei gilt für die Ableitungen

$$(2.2) \qquad \frac{d^i}{dz^i} u(o;x,\ldots) = u^i \quad (i = o,I,II,III) \; .$$

Wir können damit den Algorithmus, wie er bei Werner [3] eingehend beschrieben worden ist, zur näherungsweisen Lösung des Anfangswertproblemes verwenden.

1. Zunächst berechnen wir u und seine beiden Ableitungen mit Hilfe der Anfangswerte und der Differentialgleichung; denn es muß gelten:

$$(2.3) \qquad \begin{aligned} &u(x_o,h) = y_o, \quad u'(x_o,h) = f(x_o,y_o), \\ &u''(x_o,h) = D_x f(x,y(x))\Big|_{x=x_o} \; . \end{aligned}$$

Wir bestimmen die Knotenpunkte der Splines durch

$$(2.4) \qquad x_{j+1} = x_j + h \text{ für } j = o,1,\ldots$$

und können

2. iterativ in jedem der Teilintervalle $I_{j+1} = [x_j, x_{j+1}]$ bei gegebenen Werten für $u(x_j,h), u'(x_j,h), u''(x_j,h)$ die Gleichung

$$(2.5) \qquad u'(x_{j+1},h) = f(x_{j+1}, u(x_{j+1},h))$$

zur Definition des noch freien Parameters $u'''_j =: u'''(x_j,h)$ heranziehen. Der Spline ist im Intervall I_{j+1} festgelegt, seine rechten Grenzwerte für u und seine ersten beiden Ableitungen liefern die Anfangswerte für den Spline im nächsten Intervall.

In der bereits zitierten Arbeit findet man dann die folgenden Konvergenzaussagen. Ist die Funktion $y(x)$ eine Lösung der Differentialgleichung mit dem gegebenen Anfangswert im Intervall $[x_o, x_+]$, so ist die Lösung dort holomorph, also existieren alle Ableitungen, und für die Abweichung zwischen $u(x,h)$ und $y(x)$ gilt

$$(2.6) \qquad \begin{aligned} w(x,h) &:= u(x,h)-y(x) = O(h^4), \\ w'(x,h) &= O(h^3) \ ; \ w'(x_j,h) = O(h^4) \text{ für alle Knoten }, \\ w''(x,h) &= O(h^2) \ , \\ w'''(x,h) &= O(h^1) \ . \end{aligned}$$

Die in den O-Relationen verborgenen Koeffizienten werden natürlich um so größer, je näher man an die Singularität x^* herankommt. Es lassen sich aber gleichmäßig gültige Schranken für jedes Intervall $[x_o, x_+]$ finden, $x_o < x_+ < x^*$.

In dem von uns betrachteten Fall wird man die Bestimmung von $u(x,h)$ von Intervall zu Intervall fortsetzen, bis folgendes <u>Abbruchkriterium</u> gilt: Hat die Berechnung von $u(x,h)$ im Intervall $[x_j, x_{j+1}]$ zu einer Lösung geführt, die im anschließenden Intervall $[x_{j+1}, x_{j+2}]$ eine Singularität besitzt, so wird diese

Singularität als Schätzung für die Singularität der Lösung der Differentialgleichung y(x) benutzt.

Es wird sich zeigen, daß bei geschickter Wahl der Funktionenklasse für den Spline sehr gute Schätzungen erwartet werden dürfen.

3. Wahl der Spline-Funktion

Wir versuchen, die Form der Painlevéschen Lösung zu approximieren, indem wir für u den Ansatz machen

$$u(x) = u_j+u_j' \frac{b}{\alpha}[(1+\frac{z}{b})^{\alpha}-1], \tag{3.1}$$

wobei $\alpha \neq 0,1$ sein soll, d.h. wir nehmen an, daß diese Werte nicht benötigt werden. Dieser Spline ist nicht in der kanonischen Form durch die Paramter $u_j,\ldots,u_j'''$ beschrieben, man kann aber leicht die zwischen diesen Parametern und b,α bestehenden Relationen ausarbeiten. Es gilt nämlich

$$\begin{aligned}
u'(x) &= u_j'(1+\tfrac{z}{b})^{\alpha-1}, \\
u''(x) &= u_j'.\tfrac{\alpha-1}{b}(1+\tfrac{z}{b})^{\alpha-2}, \quad u_j'' = u_j'\tfrac{\alpha-1}{b}, \\
u_j'''(x) &= u_j''.\tfrac{\alpha-2}{b}(1+\tfrac{z}{b})^{\alpha-3}, \quad u_j''' = u_j''\tfrac{\alpha-2}{b}, \\
u^{IV}(x) &= u_j'''\tfrac{\alpha-3}{b}(1+\tfrac{z}{b})^{\alpha-4}, \quad u_j^{IV} = u_j'''.\tfrac{\alpha-3}{b},
\end{aligned} \tag{3.2}$$

aus denen also insbesondere für b der Wert

$$\frac{1}{b} = \frac{u_j''}{u_j'} - \frac{u_j'''}{u_j''} = \frac{(u_j'')^2-u_j'.u_j'''}{(u_j')^2} \Bigg/ \frac{u_j''}{u_j'} = -\left[\ln\left(\frac{u''}{u'}\right)\right]' \Bigg|_{x=x_j} \tag{3.3}$$

folgt. Wäre u Lösung der Differentialgleichung, so könnte man

$$(3.4) \qquad \frac{u''}{u'} = \frac{f_x}{f} + f_y$$

als Funktion von x und u ausdrücken. Entsprechend erhält man für α die Relation

$$(3.5) \qquad \frac{1}{\alpha-1} = \frac{u_j'}{u_j''}\cdot\frac{1}{b} = \frac{(u_j'')^2-u_j'.u_j'''}{(u_j')^2} \quad .$$

Der Wert von b bestimmt, an welcher Stelle die durch (3.1) definierte Funktion u(x) singulär wird.

Bemerkungen:

1. Der im Punkte x_j mit einer Funktion y(x) bis zur Ordnung 3 übereinstimmende Spline wird gegeben durch die Formel (3.1), wobei b und α gemäß (3.3) und (3.5) zu wählen sind. Hierbei sind u und seine Ableitungen durch die Funktion y und ihre Ableitungen ersetzt, d.h. es gilt

$$(3.6) \qquad \begin{aligned} \frac{1}{b(x,o)} &= \frac{y''(x)}{y'(x)}-\frac{y'''(x)}{y''(x)} = -\left[\ln\left(\frac{y''(x)}{y'(x)}\right)\right] \\ \frac{1}{\alpha-1} &= \frac{(y''(x))^2-y'(x).y'''(x)}{(y'(x))^2} \quad . \end{aligned}$$

2. Der Fehler w(x) = u(x)-y(x) hat dann die Form

$$(3.7) \qquad w(x) = z^4\cdot\frac{w^{IV}(\overline{\xi})}{4!}$$

mit geeignetem $\overline{\xi}$, wobei w^{IV} gegeben wird durch $u^{IV}-y^{IV}$ und u^{IV} sich wieder in der Form schreiben läßt

$$(3.8) \qquad u^{IV}(x_o) = u_o'''.\frac{\alpha-3}{b} = u_o'''\left[\frac{\alpha-2}{b}-\frac{1}{b}\right] = u_o''' . \left[2\frac{u_o'''}{u_o''}-\frac{u_o''}{u_o'}\right]$$

3. Ist $y(x)$ Lösung einer Differentialgleichung, so läßt sich auch y^{IV} durch die Funktion y selbst und $f(x,y(x))$ ausdrücken. In manchen Fällen kann man auf diese Weise Aussagen über das Vorzeichen von $u^{IV} - y^{IV}$ machen.

4. Schätzen der Lage von Singularitäten

Sei nun eine Funktion $y(x)$ gegeben, die Lösung einer Differentialgleichung ist, und $u(x,h)$ die Näherungslösung, bestimmt durch den in 2 angegebenen Algorithmus, so kann man die Lage der Singularität x^* durch den Näherungswert schätzen

$$\underline{x}(x) = x - b(x,h), \tag{4.1}$$

wobei für x einer der Knoten x_j zu nehmen ist.

Wir betrachten zunächst ein Beispiel, bei dem man die Lösung y explizit kennt, nämlich die Differentialgleichung $y' = 1+y^2$ mit dem Anfangswert $y(o) = 1$ und der Lösung $y(x)=tg(x+\frac{\pi}{4})$. Der Einfachheit halber betrachten wir nicht die Lösung $u(x,h)$ mit $h > o$ sondern untersuchen die Schätzungen für x^* mit einem von 3. Ordnung berührenden Spline, welcher $b(x,o)$ liefert, wie noch verifiziert wird. Es gilt hier

$$y'' = 2y.y' \ , \quad \text{also} \quad \frac{y''}{y'} = 2y \ ,$$

so daß man nach (3.6) bekommt

$$\frac{1}{b} = - \ln(2y)' = - \frac{y'}{y} = \frac{-2}{\sin 2(x+\pi/4)} \ , \tag{4.2}$$

$$- b = \frac{\sin\ 2(\frac{\pi}{4} - x)}{2} \ .$$

Außerdem erhält man für den Exponenten

$$\alpha = 1 - 2\cos^2(\frac{\pi}{4} - x) \ . \tag{4.3}$$

Diese Gleichung zeigt, daß für $x \to \frac{\pi}{4}$ der Exponent $\alpha \to -1$ strebt. In diesem Beispiel kann man $\underline{x}(x)$ leicht in geschlossener Form angeben und man erhält

$$\underline{x}(x) = x + \frac{\sin 2(\frac{\pi}{4} - x)}{2} = \frac{\pi}{4} - (\frac{\pi}{4} - x)^3 \frac{4}{3!} + O(|\frac{\pi}{4} - x|^5). \tag{4.4}$$

Dieser Ausdruck zeigt, daß die Abweichung der Schätzung x^*, also $x^*-\underline{x}(x)$, wie $O(t^\alpha)$ mit $\alpha = 3$, $t = x-x^*$ gegen o strebt.

Es sei bemerkt, daß in diesem Falle $\alpha = 1+\gamma$ ist, denn $\mu = -1$ und $\gamma = +2$, wie man durch Entwicklung der Tanges-Funktion um den Punkt $\frac{\pi}{2}$ sofort verifiziert.

Man sieht, daß in diesem Beispiel $\underline{x}(x)$ eine konkave, monoton wachsende Funktion ist, die für $x = x^*$ der Fixpunktgleichung $\underline{x}(x^*) = x^*$ genügt.

5. Einschließung für die Lage der Singularität

Das im vorigen Abschnitt beobachtete Verhalten von $b(x,o)$ und der Funktion $\underline{x}(x)$ zur Schätzung der Singularität wird sich als durchaus typisch erweisen, man kann daraus eine Einschließung für die Lage der Singularität x^* selbst gewinnen.

Satz:
Mit den in Abschnitt 3 eingeführten Bezeichnungen sei definiert

$$\underline{x}(x) := x - b(x,o)$$

dies sei eine monoton wachsende, konkave Funktion für $x < x^*$. Ferner setze man

$$\overline{x}(x) = x - \frac{b(x,o)}{1 - \Delta_t^1(x,x-h)\underline{x}(t)} \tag{5.1}$$

mit $h > o$, sofern der auftretende Nenner positiv ist. Dann erhält man für die Singularität x^* der Lösung $y(x)$ des Anfangswertproblems die Einschließung

$$\underline{x}(x) < x^* < \overline{x}(x) \qquad \text{für } x < x^*.$$

Bemerkungen:

1. Aus der Formel (5.1) ersieht man, daß man zur Berechnung der oberen Schranke die Funktion $\underline{x}(x)$ in zwei Punkten benötigt.
2. Die Verhältnisse bleiben die gleichen, wenn alles an der x-Achse gespiegelt wird.

Beweis:

Durch die beiden Punkte $(x-h,\underline{x}(x-h))$ und $(x,\underline{x}(x))$ werde eine Gerade (Sekante) gelegt. Auf Grund der Konkavität liegt dann $\underline{x}(t)$ für $t\in(x,x^*)$ unter dieser Geraden. Außerdem erfüllt wegen $b(x^*,o) = o$ die Singularität die Gleichung $\underline{x}(x^*) = x^*$, der Punkt (x^*,x^*) liegt also auf der Winkelhalbierenden des 1. Quadranten. Daraus folgt

$$x^* = \underline{x}(x^*) \leq \underline{x}(x)+(x^*-x) \quad . \; \Delta^1 (x,x-h)\underline{x}$$
$$x^*(1 - \Delta^1(x,x-h)\underline{x}) \leq x(1 - \Delta^1 (x,x-h)\underline{x})-b(x,o)$$

und damit die behauptete Abschätzung. ∎

Es kommt nun darauf an, die genannten Voraussetzungen zu erfüllen. Wir wollen verifizieren, daß sie asymptotisch für eine Lösung der Differentialgleichung

$$(1.2) \qquad y' = P(x,y)$$

erfüllt sind. Dabei wird zunächst angenommen, daß die Werte der Lösung $y(x)$ exakt bekannt seien. Berechnet man nämlich b gemäß (3.6) mit Hilfe der Entwicklung nach Painlevé, so findet man

$$(5.2) \qquad b = t.(1+d_1.t^{1+\gamma}+d_2.t^{2+\gamma}+\ldots),$$

mit $t = x-x^*$, $d_i \in \mathbb{R}$.

und man sieht,

1. Wie für t gegen o auch b(x,o) linear gegen o geht und
2. daß man in b für kleine Werte von t eine konvexe oder konkave Funktion bekommt, die monoton fällt oder wächst gemäß (3.4).

An dieser Stelle ist eine praktische Bemerkung am Platz. Für den Fehler b - t = x -$\underline{x}$(x) erhält man eine asymptotische Entwicklung der Form

$$(5.3) \qquad g(t) = (d_1 t^{1+\gamma} + d_2 t^{1+2\gamma} + \ldots) ,$$

wie auch durch unser voriges Beispiel formelmäßig demonstriert wird. Oft ist γ jedoch eine zwischen o und 1 liegende Größe und es ist erst für sehr kleine Werte von t der 1. Term der Entwicklung $d_1 t^{1+\gamma}$ dominant. Vorher können weitere Glieder entscheidenden Einfluß haben. Man kann ein Verhalten g(t)c.t^{β} mit $\beta > 1+\gamma$ beobachten und dies kann dazu führen, daß die Konvergenz scheinbar von höherer als der auf Grund der Painlevé-Entwicklung gefundenen Ordnung ist. Hier soll dies an einem numerischen Beispiel demonstriert werden. Sei y(x) eine Lösung der Differentialgleichung

$$y' = 1+y^2+y^4 \quad , \; y^{(o)} = 1 .$$

Man errechnet den Exponenten $\mu = \frac{-1}{3}$; $\gamma = \frac{2}{3}$ und dementsprechend die Entwicklung

$$y(t) = -(3t)^{-1/3} + \frac{1}{5} (3t)^{1/3} + \frac{3}{25} (3t) + \ldots ,$$

die Koeffizienten erhält man durch Koeffizientenvergleich. Bildet man y'(t), y"(t) und setzt in die Formel (3.6) ein, so erhält man nach einiger Rechnung

$$b(x,o) = t[1 + \frac{1}{5}(3t)^{2/3} + \frac{71}{5o}(3t)^{4/3} + \ldots] .$$

In diesem Beispiel kann man natürlich die Lösung der Differentialgleichung und damit alle Größen elementar berechnen.

Tabelle 1: Beispiel für die Schätzung der Lage der Singularität bei einer Differentialgleichungslösung

$y' = 1 + y^2 + y^4$, $y(0) = 1$, Singularität bei $x^* = 0.178\ 796\ 769\ \ldots$

$x = x_j$	$b(x,2^{-8})\cdot 10^3$	$b(x,2^{-9})\cdot 10^3$	$b(x,0)_{Extr.}\cdot 10^3$	$\underline{x}(x)$	$\overline{x}(x)$
.156 25	- 22.109 22	- 22.068 22	- 22.027 22	.178 277 22	
.160 156 25	- 18.358 60	- 18.318 68	- 18.278 76	.178 435 01	.179 204 8
.164 062 5	- 14.564 08	- 14.537 38	- 14.510 68	.178 573 18	.179 105 2
.167 968 75	- 10.746 29	- 10.725 05	- 10.703 81	.178 672 56	.178 951 9
.171 875	- 6.895 70	- 6.882 51	- 6.869 32	.178 744 32	.178 872 9

$t = x^* - x_j$	$\log(t)$	$\frac{\log(x^* - \underline{x})}{\log(t)}$	$\frac{\log(\overline{x} - x^*)}{\log(t)}$
.022 546 8	- 3.792 163 5		1.994
.018 640 5	- 3.982 417 6	1.960	1.990
.014 734 3	- 4.217 579 3	1.917	1.993
.010 828 0	- 4.525 618 2	1.938	1.987
.006 921 8	- 4.973 083 9	1.907	1.982

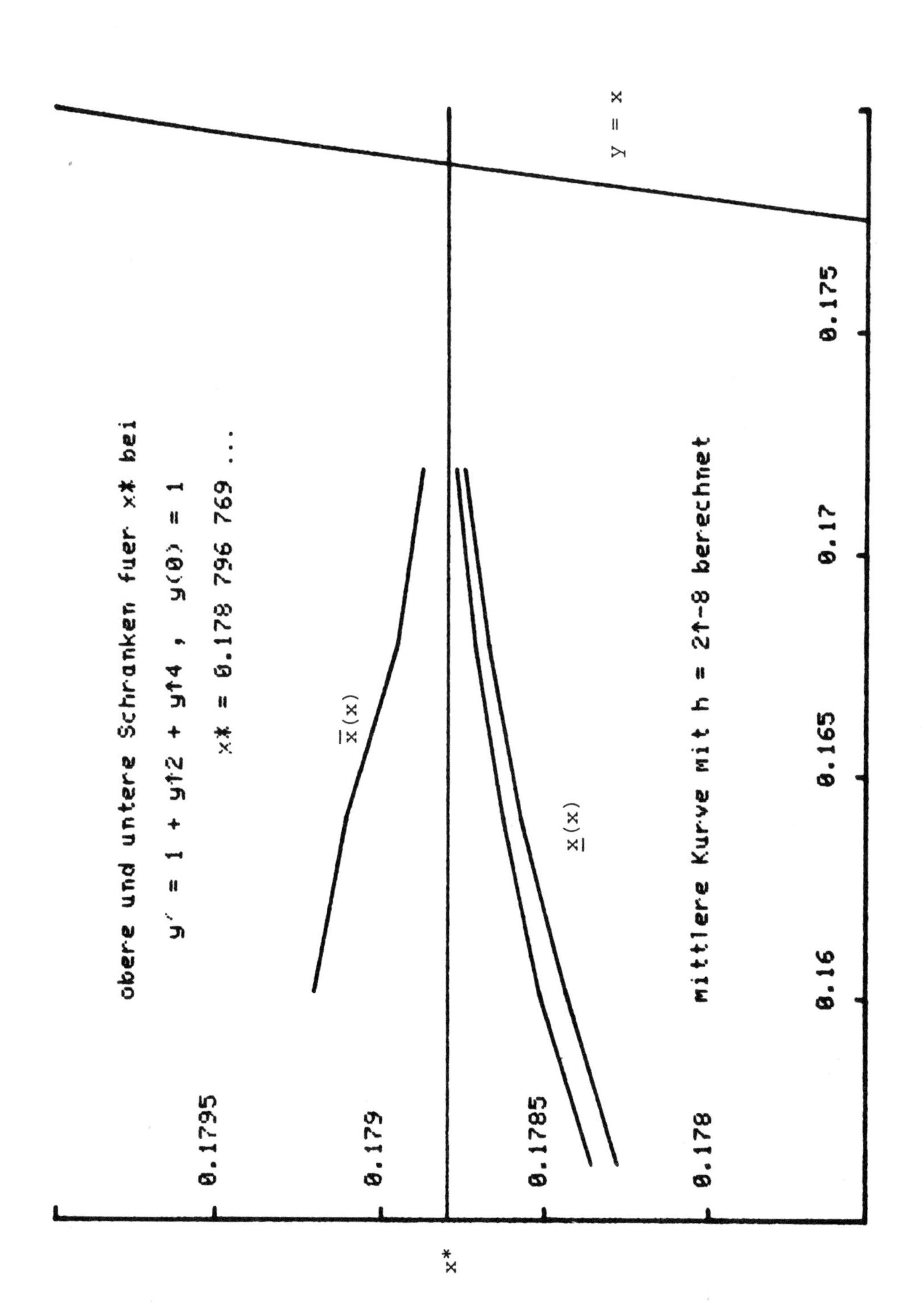
obere und untere Schranken fuer x* bei
y' = 1 + y↑2 + y↑4 , y(0) = 1
x* = 0.178 796 769 ...
mittlere Kurve mit h = 2↑-8 berechnet
y = x
$\overline{x}(x)$
$\underline{x}(x)$
x*
0.1795
0.179
0.1785
0.178
0.175
0.17
0.165
0.16

Figur 1

So findet man

$$x^* = \frac{\pi\sqrt{3}}{12} - \frac{\ln 3}{4} = 0.178\ 796\ 769\ \ldots \quad .$$

Tabelle 1 gibt einige Werte für $\overline{x}(x)$ gemäß Formel (5.1). Die Tabelle zeigt auch, daß $\log|\overline{x}-x^*|/\log|t|$ und $\log|x^*-\underline{x}(x)|/\log|t|$ in guter Näherung den Faktor 2 liefern. In diesem Falle ist

$$g(t) = 3t^2 . \left[\frac{1}{5}\,(3t)^{-1/3} + \frac{71}{50}\,(3t)^{1/3}\right] =: 3t^2 .\ c(t) \ .$$

Für $0.02 < 3t < 0.07$ liegt $(3t)^{1/3}$ in $(0.27;\ 0.4122)$ und $(3t)^{-1/3}$ in $(2.42;\ 3.7)$, die zugehörigen Werte der Funktionen $c(t)$ in $(1.0658;\ 1.123)$ und sie nimmt für $3t = 0.05286$ ihr Minimum an. Erst für $3t = 10^{-3}$ klettert sie auf 2.142 und für $3t = 1$ auf 1.62. Sie ist also "fast" konstant. Dies erklärt die scheinbare Konvergenz mit t^2. <u>(Pseudoüberkonvergenz)</u>

In Figur 1 sind die Gerade $y = x^*$ sowie (darunter) die Funktion $\underline{x}(x)$, darüber $\overline{x}(x)$ aufgezeichnet. Wie stark der Maßstab der Ordinate auseinandergezogen ist, zeigt die rechts im Bild erscheinende Gerade $y = x$, die fast senkrecht zur x-Achse zu verlaufen scheint.

Daß die Kurve für $\overline{x}(x)$ eine unregelmäßige nicht konvexe Form hat, weist auf die Rundungsfehler bei der Berechnung der Werte von $b(x,0)$ hin. Diese Werte wurden nämlich durch Extrapolation aus $b(x,h)$-Werten und nicht durch eine Berechnung über eine exakte Darstellung von $y(t)$ gewonnen, wie nun beschrieben werden soll.

6. Das Verhalten von b(x,h) für $h \to o$

Bei der Einschließung von x^* im vorigen Abschnitt wurde stillschweigend die Annahme gemacht, daß bei der Berechnung von $\underline{x}(x)$ und $\overline{x}(x)$ die Werte von b(x,o) zur Verfügung stehen. In praktischen Anwendungen ist dies meist nicht der Fall. Vielmehr muß man von den Werten b(x,h) ausgehen. Zur Erhöhung der Genauigkeit kann eine Extrapolationstechnik benutzt werden.

Es sei x (anstelle von x_j geschrieben) ein fester Punkt, der für eine betrachtete Nullfolge von h-Werten jeweils als Knoten der Splinefunktionen auftrete. Die Parameter b und α sind dann in dem rechts von x liegenden Intervall aus der Gleichung

$$u'(x+h,h) = f(x+h,u(x+h,h)) \tag{2.5}$$

zu berechnen. Setzt man auf der linken Seite den aus (3.2) zu entnehmenden Wert für die Ableitung ein, so erhält man

$$u'.(1 + \frac{h}{b})^{\alpha-1} = f(x+h,u(x+h,h)) \quad , \tag{6.1}$$

dabei wird $u' = u'(x,h)$, $u'' = u''(x,h)$ gesetzt. Aus (6.1) folgt

$$\begin{aligned} &(1 + \frac{h}{b})^{\frac{b}{h}} = (1 + \frac{h}{b})^{(\alpha-1).\frac{u'}{h.u''}} = F(x,h) \\ &\text{mit } F(x,h) := \left(\frac{u'(x+h,h)}{u'}\right)^{\frac{u'}{h.u''}} \quad . \end{aligned} \tag{6.2}$$

Dabei ist im Auge zu behalten, daß auch u' und u" mit h variieren, jedoch nur mit $o(h^4)$ bzw. $o(h^2)$, wie in Abschnitt 2 berichtet wurde.
Aus (6.2) entnimmt man, daß bei dem Grenzübergang $h \to o$ Vorsicht geboten ist.

Zunächst werde die Funktion

$$V := (1 + \frac{h}{b})^{\frac{b}{h}}$$

untersucht. Durch die Substitution

$$(6.3) \qquad 1 + \frac{h}{b} = \frac{1}{1+v} \quad , \quad \frac{h}{b} = \frac{-v}{1+v}$$

erhält man

$$V = (1+v)^{\frac{1+v}{v}} \quad ,$$

also

$$(6.4) \qquad \begin{aligned} \log V &= (1+v).\frac{\log(1+v)}{v} = (1+v).(1-\frac{v}{2}+\frac{v^2}{3}-+\dots) \\ &= (1+v(1-\frac{1}{2}) - v^2(\frac{1}{2}-\frac{1}{3}) + \dots) \ . \end{aligned}$$

Für die Funktion F findet man theoretisch

$$(6.5) \qquad \begin{aligned} \log F &= \frac{u'}{u''} . \frac{\log u'(x+h) - \log u'}{h} \\ &= \frac{u'}{u''} . \left[\frac{u''}{u'} + \frac{h}{2}(\frac{u''}{u'})' + \frac{h^2}{6}(\frac{u''}{u'})'' + \dots\right] \ , \end{aligned}$$

wobei man die Entwicklung natürlich wegen der oben bereits erwähnten h-Abhängigkeit von u',u",... höchstens in den Anfangsgliedern verwenden darf.

$$\log F \doteq 1+\frac{h}{2} . \frac{u'''.u'-(u'')^2}{u''.u'} + O(h^2) \ .$$

Gleichsetzen mit (6.4) liefert

$$v = h.\frac{u'''.u'-(u'')^2}{u''.u'} + O(h^2) = -\frac{h}{b(x,o)} + O(h^2) \ .$$

Dies kann man als Motivation für lineare Extrapolation von $b(x,h) = -\frac{h}{v}(1+v)$ ansehen.

In Tabelle 1 sind für einige x_j in der Nähe der Singularität x^* und für $h = 2^{-8}$ und $h = 2^{-9}$ die Werte $b(x_j,h)$ und der daraus durch Extrapolation ermittelte Wert $b(x_j,o)_{Extr.}$ zusammengestellt. Gemäß (4.1) und (5.1) sind daraus die angegebenen Werte $\underline{x}(x)$ und $\overline{x}(x)$ berechnet.

Man macht die interessante Beobachtung, daß bei festem x_j die Schätzung für x^*-x_j durch $-b(x_j,h)$ für kleinere Werte von h schlechter ist als für größere.

7. Bemerkungen über weitere Anwendungen der Splines

Es ist naheliegend, bei festem h eine Extrapolation bezüglich $b(x,h)$ als Funktion von $x_j, x_{j+1}, \ldots$ zu versuchen, um die Singularität x^* genauer zu bestimmen. Über die dabei auftretenden Konvergenzverhältnisse soll an anderer Stelle im Einzelnen berichtet werden.

Besonders effektiv ist die Methode bei der Fragestellung, wie etwa der Anfangswert einer Lösung von $y' = f(x,y)$ zu wählen ist, damit die Lösung an einer vorgeschriebenen Stelle x^* singulär werde. Man kann eine Shooting-Technik zur Lösung dieser Aufgabe verwenden.

Geht man zu Differentialgleichungen höherer Ordnung über, so kann man singuläre Randwertprobleme lösen wie etwa die Aufgabe

$$y'' = f(x,y,y')$$

$$y(o) = a$$

$$\lim_{x\to 1} y(x) = \infty \quad .$$

Die von uns in Münster am Institut für Numerische und instrumentelle Mathematik durchgeführten Rechnungen haben in solchen Fällen überraschend gute Ergebnisse geliefert. Ein Beispiel findet man in einer Veröffentlichung von H. Arndt [1]. Eine theoretische Untersuchung über die Konvergenzverhältnisse soll demnächst publiziert werden.

Literatur

[1] H. Arndt, Lösung von gewöhnlichen Differentialgleichungen mit nichtlinearen Splines Schriftenreihe des Rechenzentrums der Universität Münster, Heft Nr. 35 (1979).

[2] W. W. Golubew, Vorlesungen über Differentialgleichungen im Komplexen Deutscher Verlag der Wissenschaften, Berlin 1958.

[3] H. Werner, An Introduction to Non Linear Splines in: Polynomial and Spline Approximation, edited by B. N. Sahney, Reidel Publishing Co. Dordrecht 1979. (Dieser Übersichtsartikel enthält weitere Literaturangaben.)

Superlinear konvergente Verfahren der zulässigen Richtungen

Jochen Werner

1. Einleitung.

In dieser Arbeit betrachten wir linear restringierte Optimierungsaufgaben der Form

$$(P) \quad \begin{array}{l} \text{Minimiere } f(x) \text{ unter der Nebenbedingung} \\ x \in M := \{ x \in \mathbb{R}^n : Ax \le b \} \end{array}$$

Hierbei sei $A \in \mathbb{R}^{m \times n}$, $A^T = (a^1 \dots a^m)$, $b \in \mathbb{R}^m$ und $f \in C^1(\mathbb{R}^n)$. Zur Lösung von (P) untersuchen wir Verfahren der zulässigen Richtungen mit nicht notwendig exakter Schrittweite, die bei jedem Iterationsschritt eine quadratische Optimierungsaufgabe lösen. Unsere Arbeit schließt sich an eine von GARCIA - PALOMARES [2] an, wobei wir auf die SLATER-Bedingung als Voraussetzung verzichten und die Konvergenz und superlineare Konvergenz für eine Reihe von nicht-exakten Schrittweiten beweisen.

Ist $I = \{i_1, \dots, i_q\} \subset \{1, \dots, m\}$, so sei die $|I| \times n$-Matrix A_I definiert durch $A_I^T = (a^{i_1} \dots a^{i_q})$. Entsprechend sei $b_I \in \mathbb{R}^{|I|}$ gegeben durch $b_I^T = (b_{i_1}, \dots, b_{i_q})$. Für $x \in M$

und $\varepsilon \geq 0$ sei $I_\varepsilon(x) := \{i \in \{1,\ldots,m\} : -\varepsilon \leq a^{iT}x - b_i\}$ die Menge der ε-aktiven Indices bzw. Restriktionen. Statt $I_o(x)$ schreiben wir $I(x)$. $x \in M$ heißt eine kritische Lösung von (P), falls $u_{I(x)} \in \mathbb{R}^{|I(x)|}$ exitiert mit

i) $\nabla f(x) + A^T_{I(x)}\, u_{I(x)} = \Theta$

ii) $u_{I(x)} \geq \Theta$.

Ist f konvex, so ist eine kritische Lösung von (P) bekanntlich auch eine Lösung von (P). Schließlich sei die Menge der in einem Punkte $x \in M$ zulässigen Richtungen definiert durch

$$Z(x) := \{p \in \mathbb{R}^n : \nabla f(x)^T p > 0 \;,\; \exists \hat{t} > 0 \text{ mit } x - tp \in M \text{ für alle } t \in [0,\hat{t}]\} \;.$$

Da wir uns auf lineare Restriktionen beschränken, ist

$$Z(x) = \{p \in \mathbb{R}^n : \nabla f(x)^T p > 0 \;,\; A_{I(x)}p \geq \Theta\} \;.$$

Mit Hilfe des FARKAS-Lemmas bestätigt man leicht, daß die Menge der zulässigen Richtungen $Z(x)$ in einem Punkte $x \in M$ genau dann leer ist, wenn x eine kritische Lösung von (P) ist.

Unter einem Verfahren der zulässigen Richtungen versteht man dann ein Verfahren der folgenden Form:

Schritt 0 : Wähle $x^o \in M$, setze $k := 0$.

Schritt 1 : ist x^k eine kritische Lösung: STOP. Andernfalls gehe zu

Schritt 2 : Wähle Richtung $p^k \in Z(x^k,p^k)$ und eine Schrittweite $t_k = t(x^k,p^k) > 0$ mit $f(x^k - t_k p^k) < f(x^k)$, $x^k - t_k p^k \in M$. Setze $x^{k+1} = x^k - t_k p^k$, $k := k+1$ und gehe zu Schritt 1.

Durch Angabe der Schrittweiten- und der Richtungsstrategie ist also ein Verfahren der zulässigen Richtungen spezifiziert.

2. Schrittweitenfunktionen.

Im folgenden sei $x \in M := \{x \in \mathbb{R}^n : Ax \leq b\}$ und
$p \in Z(x) := \{p \in \mathbb{R}^n : \nabla f(x)^T p > 0 , A_{I(x)} p \geq \theta\}$.

<u>2.1 Definition:</u> Sei $\psi(t) := \nabla f(x-tp)^T p$ und

$$h(t) := \frac{f(x) - f(x-tp)}{t \nabla f(x)^T p} .$$

i) $s(x,p) := \sup\{s > 0 : x - tp \in M \text{ für } t \in [0,s)\}$

$$= \min\{\frac{b_i - a^{iT}x}{-a^{iT}p} : i \notin I(x) , a^{iT}p < 0\}$$

heißt maximale Schrittweite. Ferner sei
$\tilde{s}(x,p) = \min(1,s(x,p))$.

ii) $$t_C(x,p) := \begin{cases} \text{1. positive Nullstelle von } \psi \text{ in } [0,s(x,p)] & \text{falls existiert.} \\ s(x,p) & \text{sonst} \end{cases}$$

heißt CURRY-Schrittweite.

iii) Seien $\alpha \in (0,1)$, $\beta \in (0,\frac{1}{2})$ gegeben. $q = q(x,p)$ sei die kleinste nichtnegative ganze Zahl mit

$$h(\alpha^q \tilde{s}(x,p)) \geq \beta .$$

Dann heißt $t_{GA}(x,p) := \alpha^{q(x,p)}\tilde{s}(x,p)$ die GOLDSTEIN-ARMIJO-Schrittweite.

iv) Sei $\beta \in (0,\frac{1}{2})$ gegeben. Dann heißt

$$t_G(x,p) := \begin{cases} \tilde{s}(x,p) & \text{falls } h(\tilde{s}(x,p)) \geq \beta \\ \text{beliebig aus } (0,\tilde{s}(x,p)) & \text{mit} \end{cases}$$

$\beta < h(t_G(x,p)) < 1 - \beta$ sonst

die GOLDSTEIN - Schrittweite.

v) Seien α, β mit $0 < \beta \leq \alpha < 1$ gegeben. Dann heißt

$$t_p(x,p) := \begin{cases} \tilde{s}(x,p) & \text{falls } h(\tilde{s}(x,p)) \geq \beta \\ \text{beliebig aus } (0,\tilde{s}(x,p)) \text{ mit} & \\ h(t_p(x,p)) \geq \beta \text{ , } \psi(t_p(x,p)) \leq \alpha\,\psi(0) & \text{sonst} \end{cases}$$

die POWELL-Schrittweite.

Bemerkungen: Die Beschränkung der Schrittweite auf das Intervall (0,1] bei der GOLDSTEIN-ARMIJO-, der GOLDSTEIN- und der POWELL-Schrittweite ist natürlich nur bei speziellen Richtungsstrategien sinnvoll. Die GOLDSTEIN-Schrittweite findet man daher auch im Zusammenhang mit dem NEWTON-Verfahren für konvexe Optimierungsaufgaben z.B. bei BLUM-OETTLI [1] . Die POWELL-Schrittweite wurde bei Optimierungsaufgaben ohne Restriktionen von POWELL [5] angegeben, siehe auch [6] .

Um den folgenden Satz beweisen zu können, setzen wir voraus:

(V) i) $f : \mathbb{R}^n \to \mathbb{R}$ ist stetig differenzierbar

ii) Mit einem $x^0 \in M$ ist $W_0 := \{x \in M : f(x) \leq f(x^0)\}$ kompakt.

iii) Es existiert eine Konstante $\gamma > 0$ derart, daß $\| \nabla(x) - \nabla f(y) \| \leq \gamma \| x - y \|$ für alle $x,y \in W_0$.

($\| \;\; \|$ sei hier und im folgenden stets die euklidische Vektornorm).

<u>2.2 Satz:</u> Die Voraussetzung (V) sei erfüllt. $x \in W_0$ und $p \in Z(x)$ seien gegeben. Dann existiert zu jeder der Schrittweiten $t(x,p) = t_c(x,p)$, $t_{GA}(x,p)$, $t_G(x,p)$, $t_p(x,p)$ eine positive

Konstante $\theta = \theta_c, \theta_{GA}, \theta_G, \theta_p$ (unabhängig von (x,p)) mit

$$f(x) - f(x-t(x,p)p) \geq \theta \min \left(\left\{ \frac{\nabla f(x)^T p}{\|p\|} \right\}^2, \tilde{s}(x,p)\, \nabla f(x)^T p \right).$$

Beweis: Wir führen den Beweis getrennt für die vier Schrittweiten durch, beweisen zunächst aber:

1. Ist $t_c(x,p) < s(x,p)$, so ist $t_c(x,p) \geq \dfrac{\nabla f(x)^T p}{\gamma \|p\|^2}$.

   Denn:

$$\begin{aligned} 0 &= \nabla f(x)^T p + (\, f(x-t_c(x,p)p) - \nabla f(x))^T p \\ &\geq \nabla f(x)^T p - \gamma t_c(x,p) \|p\|^2 . \end{aligned}$$

2. CURRY-Schrittweite .

   Sei $\psi(t) := \nabla f(x-tp)^T p$ und

$$\tilde{t}(x,p) := \begin{cases} t_c(x,p), & \text{falls } \psi(t) - \frac{1}{2}\psi(0) > 0 \text{ in } [0,t_c(x,p)] \\ 1.\ \text{Nullstelle von } \psi(t) - \frac{1}{2}\psi(0) > 0 & \text{in } [0,t_c(x,p)] \\ & \text{sonst.} \end{cases}$$

   Dann ist

$$\begin{aligned} f(x) - f(x-t_c(x,p)p) &\geq f(x) - f(x-\tilde{t}(x,p)p) \\ &= \psi(\tilde{\alpha}\tilde{t}(x,p)) \cdot \tilde{t}(x,p) \quad \text{mit } \tilde{\alpha} \in (0,1) \\ &\geq \frac{1}{2}\psi(0)\tilde{t}(x,p) = \frac{1}{2}\tilde{t}(x,p)\, \nabla f(x)^T p . \end{aligned}$$

   Wir machen eine Fallunterscheidung:

   (I) $\psi(t) - \frac{1}{2}\psi(0) > 0$ in $[0,t_c(x,p)]$.

   Dann ist $\tilde{t}(x,p) = t_c(x,p) = s(x,p)$. Denn wäre $t_c(x,p) < s(x,p)$, so wäre $\psi(t_c(x,p)) = 0$. Also ist in diesem Fall

$$f(x) - f(x-t_c(x,p)p) \geq \frac{1}{2} s(x,p)\, \nabla f(x)^T p \geq \frac{1}{2}\tilde{s}(x,p)\, \nabla f(x)^T p .$$

   (II) $\tilde{t}(x,p) = 1.$ Nullstelle von $\psi(t) - \frac{1}{2}\psi(0)$ in $[0,t_c(x,p)]$.

Dann ist $\psi(\tilde{t}(x,p)) = \frac{1}{2}\psi(0)$ oder

$\frac{1}{2}\nabla f(x)^T p = (\nabla f(x) - \nabla f(x-\tilde{t}(x,p)p))^T p \leq \gamma\tilde{t}(x,p)\,||p||^2$,

also ist in diesem Fall

$$f(x) - f(x-t_c(x,p)p) \geq \frac{1}{4\gamma}\left\{\frac{\nabla f(x)^T p}{||p||}\right\}^2 ,$$

insgesamt

$$f(x) - f(x-t_c(x,p)p) \geq \theta_c \min\left(\left\{\frac{\nabla f(x)^T p}{||p||}\right\}^2, \tilde{s}(x,p)\nabla f(x)^T p\right)$$

mit $\theta_c := \min(\frac{1}{2}, \frac{1}{4\gamma})$

3. GOLDSTEIN-ARMIJO-Schrittweite.

Wegen $\lim_{t\to 0} h(t) = 1$ und $\beta < 1$ existiert die GOLDSTEIN-ARMIJO-Schrittweite. Es ist $T_{GA}(x,p) = \alpha^{q(x,p)}\tilde{s}(x,p)$.

Wir machen eine Fallunterscheidung:

(I) $q(x,p) = 0$.

Dann ist $t_{GA}(x,p) = \tilde{s}(x,p)$ und

$f(x) - f(x-t_{GA}(x,p)p) \geq \beta\,\tilde{s}(x,p)\,\nabla f(x)^T p$.

(II) $q(x,p) \geq 1$.

Dann gelten die folgenden beiden Ungleichungen:

$f(x) - f(x-t_{GA}(x,p)p) \geq \beta\, t_{GA}(x,p)\,\nabla f(x)^T p$

$f(x) - f(x-\alpha^{-1}t_{GA}(x,p)p) < \beta\,\alpha^{-1}\, t_{GA}(x,p)\nabla f(x)^T p$

(i) $\alpha^{-1}\, t_{GA}(x,p) \leq t_c(x,p)$.

Dann ist

$$\begin{aligned} f(x) - f(x-t_{GA})(x,p)p) &\geq \beta\, t_{GA}(x,p)\,\nabla f(x)^T p \\ &\geq \alpha(f(x) - f(x-\alpha^{-1}t_{GA}(x,p)p)) \\ &\geq \alpha\,\theta_c \min\left(\left\{\frac{\nabla f(x)^T p}{||p||}\right\}^2, \tilde{s}(x,p)\nabla f(x)^T p\right) \end{aligned}$$

(ii) $t_c(x,p) < \alpha^{-1}\, t_{GA}(x,p)$

Nun ist $t_c(x,p) = s(x,p) \geq \tilde{s}(x,p)$ oder (nach 1.)

$t_c(x,p) \geq \dfrac{\nabla f(x)^T p}{\gamma \|p\|^2}$. Dann ist

$$\begin{aligned} f(x) - f(x-t_{GA}(x,p)p) &\geq \alpha\beta\, t_c(x,p)\nabla f(x)^T p \\ &\geq \alpha\beta \cdot \min(1,\tfrac{1}{\gamma}) \,. \\ &\quad \min\left(\left\{\frac{\nabla f(x)^T p}{\|p\|}\right\}^2, \tilde{s}(x,p)\nabla f(x)^T p\right). \end{aligned}$$

Insgesamt ist also

$$f(x) - f(x-t_{GA}(x,p)p) \geq \theta_{GA} \min\left(\left\{\frac{\nabla f(x)^T p}{\|p\|}\right\}^2, \tilde{s}(x,p)\nabla f(x)^T p\right) .$$

mit $\theta_{GA} := \alpha \min\left(\frac{1}{4\gamma}, \beta, \frac{\beta}{\gamma}\right)$.

4. GOLDSTEIN-Schrittweite.

Zunächst zur Existenz der GOLDSTEIN-Schrittweite:
Ist $h(\tilde{s}(x,p)) < \beta$, so nimmt h in $(0,\tilde{s}(x,p))$ wegen $h(0) = 1$ jeden Wert in $(\beta,1)$ an, speziell also auch Werte in $(\beta,1-\beta)$.

Ist $h(\tilde{s}(x,p)) \geq \beta$, so ist $t_G(x,p) = \tilde{s}(x,p)$ und daher $f(x) - f(x-t_G(x,p)p) \geq \beta\, \tilde{s}(x,p)\nabla f(x)^T p$.

Sei nun $t_G(x,p) \in (0,\tilde{s}(x,p))$ mit

$$\beta\, t_G(x,p)\nabla f(x)^T p \leq f(x) - f(x-t_G(x,p)p) \leq (1-\beta)t_G(x,p)\, \nabla f(x)^T p .$$

Wir machen eine Fallunterscheidung:

(I) $t_G(x,p) \leq t_c(x,p)$

Dann ist

$$\begin{aligned} t_G(x,p)(1-\beta)\nabla f(x)^T p &\geq f(x) - f(x-t_G(x,p)p) \\ &\geq t_G(x.p)\nabla f(x)^T p - \frac{t_G^2(x,p)\gamma\|p\|^2}{2}, \end{aligned}$$

so daß $\tilde{t}_G(x,p) := \frac{2\cdot\beta}{\gamma} \frac{\nabla f(x)^T p}{\|p\|^2} \le t_G(x,p)$.

Damit wird

$$f(x) - f(x-t_G(x,p)p) \ge f(x) - f(x-\tilde{t}_G(x,p)p)$$
$$\ge \tilde{t}_G(x,p)\nabla f(x)^T p - \frac{\tilde{t}_G^2(x,p)\,\gamma\|p\|^2}{2}$$
$$= \frac{2\beta(1-\beta)}{\gamma} \left\{\frac{\nabla f(x)^T p}{\|p\|}\right\}^2$$

(II) $t_c(x,p) < t_G(x,p)$

Nach 1. ist $\frac{\nabla f(x)^T p}{\gamma\|p\|^2} \le t_c(x,p) < t_G(x,p)$ und daher ist

$$f(x) - f(x-t_G(x,p)p) \ge \beta t_G(x,p)\nabla f(x)^T p \ge \frac{\beta}{\gamma}\left\{\frac{\nabla f(x)^T p}{\|p\|}\right\}^2$$

Insgesamt ist also

$$f(x) - f(x-t_G(x,p)p) \ge \theta_G \min\left(\left\{\frac{\nabla f(x)^T p}{\|p\|}\right\}^2, \tilde{s}(x,p)\nabla f(x)^T p\right)$$

mit $\theta_G := \beta \min(1,\frac{1}{\gamma})$

5. POWELL-Schrittweite.

Wir müssen uns zunächst von der Existenz der POWELL-Schrittweitenfunktion überzeugen. Hierzu ist zu zeigen:
Ist $h(\tilde{s}(x,p)) < \beta$, so existiert ein $t_p \in (0,\tilde{s}(x,p))$ mit $h(t_p) \ge \beta$ und $\nabla f(x-t_p p)^T p \le \alpha \nabla f(x)^T p$. Man definiere

$$\Phi(t) := f(x) - f(x-tp) - \beta\cdot t\cdot\nabla f(x)^T p, \quad \text{so daß}$$
$$\Phi'(t) = \nabla f(x-tp)^T p - \beta\nabla f(x)^T p .$$

Dann ist $\Phi(0) = 0$, $\Phi(\tilde{s}(x,p)) < 0$, $\Phi'(0) > 0$. Daher existiert ein $t_p \in (0,\tilde{s}(x,p))$ mit $\Phi(t_p) > 0$, $\Phi'(t_p) = 0$. Hieraus folgt $f(x) - f(x-t_p p) > \beta t_p \nabla f(x)^T p$ und $\nabla f(x-t_p p)^T p = \beta\nabla f(x)^T p \le \alpha\nabla f(x)^T p$.

Ist nun $h(\tilde{s}(x,p)) \ge \beta$, also $t_p(x,p) = \tilde{s}(x,p)$, so ist

$$f(x) - f(x-t_p(x,p)p) \ge \beta\tilde{s}(x,p)\,\nabla f(x)^T p .$$

Im anderen Fall ist

$$(1-\alpha)\ \nabla f(x)^T p \le (\nabla f(x) - \nabla f(x - t_p(x,p)p))^T p$$

$$\le \gamma t_p(x,p)\ \|p\|^2 \quad \text{und daher}$$

$$f(x) - f(x-t_p(x,p)p) \ge \frac{\beta(1-\alpha)}{\gamma} \left\{ \frac{\nabla f(x)^T p}{\|p\|} \right\}^2$$

Insgesamt ist also

$$f(x) - f(x-t_p(x,p)p) \ge \theta_p \min\left(\left\{ \frac{\nabla f(x)^T p}{\|p\|} \right\}^2, \tilde{s}(x,p) \nabla f(x)^T p \right)$$

mit $\theta_p := \beta \min(1, \frac{1-\alpha}{\gamma})$.

3. Konvergenz erzeugende Richtungsstrategien.

In diesem Abschnitt geben wir analog zu GARCIA-PALOMARES [2] eine Richtungsstrategie an, die, kombiniert mit einer der Schrittweitenstrategien von Abschnitt 2 zu einem konvergenten Verfahren führen. Durch einen abgeänderten Konvergenzbeweis kann auf die Gültigkeit der SLATER-Bedingung verzichtet werden.

Wir betrachten wieder das Problem (P) aus Abschnitt 1 unter der Voraussetzung (V) von Abschnitt 2 und zeigen:

<u>3.1 Satz:</u> $\{F_k\}$ sei eine Folge gleichmäßig beschränkter und positiv definiter symmetrischer $n \times n$ - Matrizen, es mögen also $\hat{\mu}, \hat{\eta} > 0$ existieren mit

$$\hat{\mu}\ \|p\|^2 \le p^T F_k p \le \hat{\eta}\ \|p\|^2 \quad \text{für alle } p \in \mathbb{R}^n,\ k = 1,2,\ldots$$

Man betrachte den folgenden Algorithmus:

Schritt 0: $x^0 \in M$, $\varepsilon > 0$ und Konstanten α, β für die jeweilige Schrittweitenfunktion seien gegeben. Setze $k := 0$.

Schritt 1: Setze $I_k := I_\varepsilon(x^k)$ und bestimme die Lösung p^k der Aufgabe

$$(P_k)\quad \begin{array}{l} \text{Minimiere } -\nabla f(x^k)^T p + \frac{1}{2} p^T F_k p \\ \text{unter der Nebenbedingung } A_{I_k} x^k - b_{I_k} \le A_{I_k} p \end{array}$$

Schritt 2: Ist $p^k = \Theta$, so ist x^k eine kritische Lösung von (P), STOP. Andernfalls gehe zu Schritt 3.

Schritt 3: Setze $t_k := t_C(x^k,p^k)$, $t_{GA}(x^k,p^k)$, $t_G(x^k,p^k)$ oder $t_p(x^k,p^k)$. Setze $x^{k+1} := x^k - t_k p^k$ und $k := k+1$. Gehe zu Schritt 1.

Dann gilt: Das Verfahren ist ein durchführbares Verfahren der zulässigen Richtungen. Bricht es nicht schon nach endlich vielen Schritten mit einer kritischen Lösung ab, so erzeugt es Folgen $\{x^k\} \subset W_o$, $\{p^k\} \subset \mathbb{R}^n$ mit

i) $p^k \in Z(x^k)$, $p^{kT} F_k p^k \le \nabla f(x^k)^T p^k$

ii) $\{p^k\}$ beschränkt .

iii) Es existiert eine Konstante $\delta > 0$ mit $s(x^k,p^k) \ge \delta$ für $k = 1,2,\dots$.

iv) $\lim_{k\to\infty} \nabla f(x^k)^T p^k = 0$, $\lim_{k\to\infty} p^k = \Theta$.

v) Jeder Häufungspunkt x^* von $\{x^k\}$ ist kritische Lösung von (P).

<u>Beweis:</u> (P_k) besitzt genau eine Lösung, diese ist notwendigerweise eine kritische Lösung von (P_k). Also existiert ein $u^k \in \mathbb{R}^{|I_k|}$ mit $-\nabla f(x^k) + F_k p^k - A_{I_k}^T u^k = \Theta$

$u^{kT}(A_{I_k} x^k - b_{I_k} - A_{I_k} p^k) = 0$ und $u^k \ge \Theta$. Hieraus liest man auch ab, daß aus $p^k = \Theta$ folgt, daß x^k kritische Lösung von

(P). Ferner ist

$$\nabla f(x^k)^T p^k - p^{kT} F_k p^k = -u^{kT} A_{I_k} p^k$$

$$= u^{kT}(b_{I_k} - A_{I_k} x^k) \geq 0$$

womit i) bewiesen ist. Aus

$$\hat{\mu} \, \|p^k\|^2 \leq p^{kT} F_k p^k \leq \nabla f(x^k)^T p^k \leq \|\nabla f(x^k)\| \; \|p^k\| ,$$

$\{x^k\} \subset W_o$ und (V) ii) folgt ii). Wegen

$$\frac{b_i - a^{iT} x^k}{-a^{iT} p^k} \geq 1 \quad \text{für } i \in I_k \text{ mit } a^{iT} p^k < 0 \quad \text{ist}$$

$$s(x^k,p^k) = \min \left\{ \frac{b_i - a^{iT} x^k}{-a^{iT} p^k} : i \notin I(x^k) , \; a^{iT} p^k < 0 \right\}$$

$$\geq \min \left\{ 1, \frac{b_i - a^{iT} x^k}{-a^{iT} p^k} : i \notin I_k , \; a^{iT} p^k < 0 \right\}$$

$$\geq \min \left\{ 1, \frac{\varepsilon}{-a^{iT} p^k} : i \notin I_k , \; a^{iT} p^k < 0 \right\} \geq \delta > 0.$$

wegen ii). Wegen Satz 2.2 existiert eine Konstante $\theta > 0$

mit $f(x^k) - f(x^{k+1}) \geq \theta \min \left(\left\{ \frac{\nabla f(x^k)^T p^k}{\| p^k \|} \right\}^2 , \tilde{s}(x^k,p^k) \nabla f(x^k)^T p^k \right)$.

Da $\{f(x^k)\}$ monoton nicht wachsend und nach unten beschränkt, also konvergent ist, gilt $\lim_{k\to\infty} (f(x^k) - f(x^{k+1})) = 0$. Aus ii) und iii) folgt $\lim_{k\to\infty} \nabla f(x^k)^T p^k = 0$. Wegen $\hat{\mu}\|p^k\|^2 \leq \nabla f(x^k)^T p^k$ folgt $\lim p^k = \Theta$, womit auch iv) bewiesen ist.

Sei x^* ein Häufungspunkt von $\{x^k\}$, so daß eine Teilfolge $\{x^k\}_{k \in K} \subset \{x^k\}$ mit $\lim\limits_{\substack{k\to\infty \\ k\in K}} x^k = x^*$ existiert.

Wir nehmen an, x^* sei nicht kritische Lösung von (P). Dann existiert ein $p^* \in Z(x^*) = \{p \in \mathbb{R}^n : \nabla f(x^*)^T p > 0 \ , \ A_{I(x^*)} p \geq \theta\}$.

Wir wollen zunächst zeigen, daß ein $s_o > 0$ existiert derart, daß sp^* zulässig für (P_k) ist für alle $s \in (0,s_o]$ und alle hinreichend großen $k \in K$.

a) Für $i \in I(x^*)$ ist $a^{iT} x^k - b_i \leq 0 \leq a^{iT}(sp^*)$ für alle k und $s \geq 0$.

b) Für $i \notin I(x^*)$ ist $\max\limits_{i \notin I(x^*)} (a^{iT} x^* - b_i) = -\eta > 0$. Damit ist $a^{iT} x^k - b_i \leq -\frac{\eta}{2}$ für alle $i \notin I(x^*)$ und alle hinreichend großen $k \in K$. Sei nun

$$s_o := \min\left(\frac{\eta}{-2a^{iT}p^*} : i \notin I(x^*), a^{iT}p^* < 0\right).$$

Dann ist $a^{iT} x^k - b_i \leq -\frac{\eta}{2} \leq a^{iT}(sp^*)$ für alle

$i \notin I(x^*)$, $s \in (0,s_o]$ und alle hinreichend großen $k \in K$.

Also ist sp^* zulässig für (P_k) für alle $s \in (0,s_o]$ und alle hinreichend großen $k \in K$. Daher ist

$$\begin{aligned} -\nabla f(x^k)^T p^k + \frac{1}{2} p^{kT} F_k p^k &\leq - s \nabla f(x^k)^T p^* + \frac{1}{2} s^2 p^{*T} F_k p^* \\ &\leq - s \nabla f(x^k)^T p^* + \frac{1}{2} s^2 \hat{\eta} \|p^*\|^2 \end{aligned}$$

für alle $s \in (0,s_o]$ und alle hinreichend großen $k \in K$.
Mit $k \to \infty$ ist daher
$0 < \nabla f(x^*)^T p^* \leq \frac{1}{2} s \hat{\eta}\|p^*\|^2$ für alle $s \in (0,s_o]$, ein Widerspruch. Also ist $Z(x^*) = \emptyset$, x^* ist eine kritische Lösung.

<u>Bemerkungen:</u> F_k hat man sich als Approximation an $\nabla^2 f(x^k)$ vorzustellen. Ist f zweimal stetig differenzierbar und gleichmäßig konvex auf einer offenen konvexen Obermenge S_o von W_o und $F_k = \nabla^2 f(x^k)$, so hat man die Konvergenz des NEWTON-Verfahrens bewiesen (siehe etwa BLUM - OETTLI [1]). Um die Lösung p^k von (P_k) zu bestimmen, kann man folgendermaßen vorgehen:

Sei $u^k \in \mathbb{R}^{|I_k|}$ Lösung der Aufgabe

$$(U_k) \quad \begin{array}{l} \text{Minimiere } \frac{1}{2} \| \nabla f(x^k) + A_{I_k}^T u \|^2_{F_k^{-1}} + u^T (b_{I_k} - A_{I_k} x^k) \\ \qquad \text{unter der Nebenbedingung } u \geq \theta \end{array}$$

(wobei $\|x\|^2_{F_k^{-1}} = x^T F_k^{-1} x$). Dann ist $p^k = F_k^{-1}(\nabla f(x^k) + A_{I_k}^T u^k)$ die Lösung von (P_k) (Dies ist der Ansatz von MANGASARIAN [3] bei nichtlinear restringierten Problemen). (U_k) führt auf ein lineares Komplementaritätsproblem, für welches es endliche oder auch iterative Verfahren gibt (siehe etwa MANGASARIAN [4]). Die Matrizenfolge $\{F_k^{-1}\}$ kann man etwa nach DFP (DAVIDON-FLETCHER-POWELL) oder BFGS (BROYDEN-FLETCHER-GOLDFARB-SHANNO) erzeugen. Für das letztere Verfahren wäre dann

$$F_{k+1}^{-1} := \left(I - \frac{\Delta x^k (\Delta g^k)^T}{(\Delta x^k)^T \Delta g^k}\right) F_k^{-1} \left(I - \frac{\Delta g^k (\Delta x^k)^T}{(\Delta x^k)^T \Delta g^k}\right) + \frac{\Delta x^k (\Delta x^k)^T}{(\Delta x^k)^T \Delta g^k}$$

mit $\Delta x^k := x^{k+1} - x^k$, $\Delta g^k := \nabla f(x^{k+1}) - \nabla f(x^k)$.

Es liegen hierfür ermutigende praktische Erfahrungen vor. Trotzdem hat man bisher keinen Konvergenzsatz für diese Verfahren, selbst bei gleichmäßig konvexer Zielfunktion. Denn die gleichmäßige Beschränktheit und positiv Definitheit von $\{F_k^{-1}\}$ bzw. $\{F_k\}$ kann man mit der Beweisidee von POWELL erst zeigen, wenn man die Konvergenz von $\{x^k\}$ gegen die Lösung x^* bzw. sogar $\sum_{k=1}^{\infty} \|x^k - x^*\| < \infty$ weiß. Lediglich für lineare Gleichungsrestriktionen kann man ebenso wie in [6] vorgehen und die superlineare Konvergenz des BFGS-Verfahren mit geeigneten Schrittweitenfunktionen beweisen.

Um etwas über die superlineare Konvergenz des Verfahrens aus Satz 3.1. aussagen zu können, setzen wir nun voraus:

(V) i) Es existiert eine offene konvexe Menge $S_o \supset W_o$ derart, daß $f \in C^2(S_o)$ ($W_o := \{x \in M : f(x) \le f(x^o)\}$).

ii) Es existieren $\mu, \eta > 0$ mit
$\mu\|p\|^2 \le p^T\nabla^2 f(x)p \le \eta\|p\|^2$ für alle $x \in S_o$, $p \in \mathbb{R}^n$.

iii) $\nabla^2 f$ ist auf S_o lipschitzstetig.

Da unter der Voraussetzung (V) das Problem (P) genau eine Lösung x^* besitzt und dies die einzige kritische Lösung von (P) ist, folgt aus Satz 3.1 die Konvergenz von $\{x^k\}$ gegen x . Der folgende Konvergenzsatz unterscheidet sich von dem entsprechenden bei GARCIA-PALOMARES [2] darin, daß wir uns nicht auf die GOLDSTEIN-ARMIJO-Schrittweite beschränken und den Beweis ähnlich führen wie den für die quadratische Konvergenz des NEWTON-Verfahrens bei BLUM-OETTLI [1].

3.2 Satz: Gegeben sei das Problem (P), die Voraussetzung (V) sei erfüllt. $\{F_k\}$ sei eine Folge gleichmäßig beschränkter und positiv definiter symmetrischer $n \times n$-Matrizen:

$$\hat{\mu}\,\|p\|^2 \le p^T F_k\, p \le \hat{\eta}\,\|p\|^2 \quad \text{für alle } p \in \mathbb{R}^n,\ k = 1,2,\ldots$$

Man betrachte den Algorithmus aus Satz 3.1 und setze

$$\lim_{k\to\infty} \frac{\|(F_k - \nabla^2 f(x^k))p^k\|}{\|p^k\|} = 0$$

voraus. Dann gilt:

i) $\lim_{k\to\infty} t_k = 1$. Bei Verwendung des GOLDSTEIN-ARMIJO-, GOLDSTEIN- oder POWELL-Schrittweite $(\beta \in (0,\frac{1}{2}))$ hat man sogar $t_k = 1$ für alle hinreichend großen k.

ii) $\{x^k\}$ konvergiert superlinear gegen die Lösung x^* von (P).

<u>Beweis:</u> Wegen $s(x^k,p^k) \geq \min(1, \frac{\varepsilon}{-a^{iT}p^k} : i \notin I(x^k),\ a^{iT}p^k < 0)$ und $\lim_{k\to\infty} p^k = \theta$ ist $s(x^k,p^k) \geq 1$ für alle hinreichend großen k und daher $\tilde{s}(x^k,p^k) = 1$ für fast alle k. Mit Standardmethoden folgt dann i).

Beim Beweis von ii) wollen wir uns auf den Fall beschränken, daß $t_k = 1$ für alle hinreichend großen k. Für diese k ist dann

$$\begin{aligned}
\mu\|x^{k+1} - x^*\|^2 &\leq (x^{k+1} - x^*)^T\nabla^2 f(x^k)(x^{k+1} - x^*) \\
&= (x^{k+1} - x^k + x^k - x^*)^T\nabla^2 f(x^k)(x^{k+1} - x^*) \\
&= ((F_k - \nabla^2 f(x^k))p^k)^T(x^{k+1} - x^*) - (F_k p^k)^T(x^{k+1} - x^*) \\
&\quad - (\nabla^2 f(x^k)(x - x^k))^T(x^{k+1} - x^*)
\end{aligned}$$

Nun ist

$$\begin{aligned}
(F_k p^k)^T(x^{k+1} - x^*) &= \nabla f(x^k)^T(x^{k+1} - x^*) + u^{kT}A_{I_k}(x^{k+1} - x^*) \\
&= \nabla f(x^k)^T(x^{k+1} - x^*) + u^{kT}(A_{I_k}(x^k - p^k) - b_{I_k}) \\
&\quad + u^{kT}(b_{I_k} - A_{I_k}x^*) \\
&\geq \nabla f(x^k)^T(x^{k+1} - x^*)
\end{aligned}$$

Wegen der Optimalität von x^* ist ferner $\nabla f(x^*)^T(x^{k+1} - x^*) \geq 0$. Insgesamt ist damit

$$\begin{aligned}\mu \| x^{k+1} - x^* \| &\leq \| (F_k - \nabla^2 f(x^k))p^k \| + \\ &\quad \| \nabla f(x^*) - \nabla f(x^k) - \nabla^2 f(x^k)(x^* - x^k) \| \\ &\leq \| (F_k - \nabla^2 f(x^k))p^k \| + L \| x^k - x^* \|^2,\end{aligned}$$

wobei L die Lipschitzkonstante von $\nabla^2 f$ auf S_o ist. Bei GARCIA - PALOMARES wird gezeigt, daß $\| p^k \| = O(\| x^k - x^* \|)$. Hieraus folgt die Behauptung.

Bemerkung: Aus dem obigen Beweis liest man ab, daß das NEWTON - Verfahren $(F_k = \nabla^2 f(x^k))$ quadratisch konvergiert, wenn die GOLDSTEIN - ARMIJO- , GOLDSTEIN- oder POWELL - Schrittweite benutzt wird.

Literatur:

1. BLUM, E., W. OETTLI: Mathematische Optimierung. Grundlagen und Verfahren. Springer, Berlin - Heidelber - New York, 1975.

2. GARCIA - PALOMARES, U. M.: Superlinearly convergent algorithms for linearly constrained optimization problems. In: Nonlinear Programming 2 (O.L. Mangasarian, R.R. Meyer, S.M. Robinson, eds.). Academic Press, New York, 1975.

3. MANGASARIAN, O. L.: Dual, feasible direction algorithms. In: Techniques of Optimization. Ed. by A.V. Balakrischman. Academic Press, New York, 1975.

4. MANGASARIAN, O. L.: Solution of symmetric linear complementarity problems by iterative methods. J.O.T.A. 22, 465 - 485 (1977).

5. POWELL, M. J. D.: Some global convergence properties of a variable metric algorithm for minimization without exact line searches. In: Nonlinear Programming, SIAM - AMS Proceedings, Vol. 9. Providence, R. I.: American Mathematical Society, 1976.

6. Werner, J.: Über die globale Konvergenz von Variable-Metrik-Verfahren mit nicht-exakter Schrittweitenbestimmung. Numer. Math. 31, 321 - 334 (1978).

H-MENGEN UND MINIMALBEDINGUNGEN BEI APPROXIMATIONSPROBLEMEN

Wolfgang Wetterling

H-sets and minimal conditions can be used as criteria for best uniform approximations. In this paper both concepts are compared and examples are given that show where these criteria are applicable and where not. For the minimal conditions the dependence of the extremal values on the parameters is investigated and a simple extension of the conditions is pointed out.

1. H-Mengen

Der Begriff der H-Mengen bei der Tschebyscheff-Approximation ist von L. Collatz eingeführt und in einer Reihe von Arbeiten untersucht worden, zunächst für lineare Probleme [2], später auch für verschiedene Klassen von nichtlinearen Problemen [3,4,5,6]. Die H-Mengen treten bei der Approximation von Funktionen von mehreren Variablen an die Stelle der Alternantenmengen im Fall von Funktionen von einer Variable.

C(B) sei der Banachraum der stetigen reellwertigen Funktionen auf einer kompakten Menge $B \subset R^n$, versehen mit der Maximumnorm. Gegeben ist eine nichtleere Teilmenge $W \subset C(B)$. Das Problem der Tschebyscheff-Approximation lautet dann, ein $f \in C(B)$ möglichst gut durch ein $w \in W$ anzunähern, also die *Minimalabweichung* $\rho_o = \inf\{||f-w||;\ w \in W\}$ zu bestimmen und eine *beste Approximation* $w_o \in W$ mit $||f-w_o|| = \rho_o$ zu berechnen, falls eine solche existiert.

Ein Paar von disjunkten Teilmengen M_1, $M_2 \subset B$ heisst *H-Menge bezüglich* W, wenn es kein Paar w_1, $w_2 \in W$ gibt mit

$$w_1(x) - w_2(x) \begin{cases} > 0 & (x \in M_1) \\ < 0 & (x \in M_2). \end{cases}$$

Es gilt der *Einschliessungssatz*: Sei (M_1, M_2) H-Menge bezüglich W, $f \in C(B)$ und $w_o \in W$. Ist dann

$$f(x) - w_o(x) \begin{cases} > 0 & (x \in M_1) \\ < 0 & (x \in M_2), \end{cases}$$

so ist $\inf\{|f(x)-w_o(x)|;\ x \in M_1 \cup M_2\} \le \rho_o \le ||f-w_o||$. Dieser Satz macht eine Aussage über die Güte der Approximation möglich. Die untere Schranke gibt nämlich an, um wieviel $||f-w||$ im günstigsten Fall noch zu verkleinern ist. Falls im Einschliessungssatz untere und obere Schranken gleich sind, wenn also das Paar (E_+, E_-) der *Extrempunktmengen*

$$E_{\pm} = \{x \in B;\ f(x)-w_o(x) = \pm||f-w_o||\}$$

H-Menge ist, dan ist w_o (global) beste Approximation. In diesem Zusammenhang beachte man die folgende, aus der Definition folgende Eigenschaft: Falls (M_1, M_2) H-Menge ist und $M_1 \subset M_1'$, $M_2 \subset M_2'$, dann ist auch (M_1', M_2') H-Menge. Die Frage nach minimalen H-Mengen in diesem Sinn ist von Taylor [10] und Dierieck [8] untersucht worden. In der letzteren Arbeit und bei Brannigan [1] wird eine auf den H-Mengen aufbauende Theorie der linearen Tschebyscheff-Approximation entwickelt.

Zur Entscheidung der Frage, ob ein Paar (M_1,M_2) H-Menge ist, hat Collatz in den oben genannten Arbeiten eine Methode angegeben, die im linearen Fall als duale Simplexmethode angesehen werden kann und die auch bei gewissen nichtlinearen Klassen W (Exponentialsummen, trigonometrische Summen, rationale Funktionen) anwendbar ist. Mit Hilfe dieser Methode hat er eine Vielzahl von Beispielen für H-Mengen angegeben. Zur numerischen Anwendung der H-Mengen ist zusammenfassend zu bemerken: Für gewisse Klassen W von Funktionen kann ein für allemal nachgewiesen werden, dass bestimmte Punktkonfigurationen H-Mengen sind. Für beliebiges $f \in C(B)$ und eine irgendwie berechnete Näherung $w_o \in W$ erlaubt dann der Einschliessungssatz eine einfache Entscheidung durch Vorzeichenkontrolle, ob w_o global beste Approximation ist bezw. ob die Minimalabweichung ρ_o mit einer gewissen Toleranz erreicht ist.

Die Grenze der Anwendbarkeit der H-Mengen liegt bei nichtlinearen Problemen. Wenn mehrere lokal beste Approximationen möglich sind, sind Aussagen über globale Minima prinzipiell problematisch. Auch kann bei nichtlinearen Approximationsproblemen der Fall eintreten, dass ein $w_o \in W$ bei gleichen Extrempunktmengen $E_{\pm}$ für ein $f_1 \in C(B)$ beste Approximation ist, für ein anderes $f_2 \in C(B)$ dagegen nicht. Das wird durch das folgende, etwas abgeänderte Beispiel von Hettich [9] gezeigt.

Sei $B = [-1,1]$ und W die Menge der Funktionen $w(p,.)$ mit Funktionswerten $w(p,x) = \frac{1}{2}p^2 - px$ $(-1 \le x \le 1, \quad -\infty < p < \infty)$.

Für $w(0,.)$ und sowohl $f_1(x) = 1 - \frac{1}{4}x^2$ als auch $f_2(x) = 1 - x^2$ sind $E_+ = \{0\}$, $E_- = \emptyset$ die Extrempunktmengen. $w(0,.)$ ist beste Approximation für f_1 mit $\rho_o = 1$, jedoch nicht für f_2, wo nämlich $||f_2-w(p,.)||$ bei $p = 0$ ein lokales Maximum hat und minimal ist für $p = \pm 2/3$ mit $\rho_o = 8/9$. Das Beispiel zeigt, dass bei solchen nichtlinearen Funktionenklassen durch Untersuchen des Verhaltens von w in den Extrempunkten keine von f unabhängige Aussage über beste Approximation möglich ist. Ersichtlich ist in diesem Beispiel auch $(\{0\},\emptyset)$ keine H-Menge bezüglich W.

2. Minimalbedingungen

Die Bestimmung des globalen Minimums von $||f-w||$ $(w \in W)$ ist im allgemeinen nichtlinearen Fall kaum anders als durch Absuchen einer dichten Teilmenge von W möglich und darum problematisch. Die im folgenden beschriebenen Minimalbedingungen geben dagegen Kriterien für lokale Minima von $||f-w||$. Ferner wird angenommen, dass die Menge W parametrisiert ist, und das Approximationsproblem wird im Parameterraum P betrachtet; die Feststellung, ob ein gegebenes $w \in W$ durch verschiedene $p \in P$ realisiert wird, ist nämlich ähnlich problematisch wie die Bestimmung eines globalen Minimums. Bedingungen für lokal beste Approximationen sind in [11] und durch Hettich in [9] angegeben worden.

Sei $f \in C(B)$ und $W = \{w(p,.);\ p \in P\} \subset C(B)$ mit einer offenen Menge $P \subset R^m$, wobei w stetig ist auf $P \times B$.

Die folgenden Bezeichnungen werden gebraucht:

$$e(p,x) = |f(x)-w(p,x)|,$$
$$\rho(p) = ||f-w(p,.)|| = \max\{e(p,x);\quad x\in B\}.$$

Für ein gegebenes $p \in P$ soll untersucht werden, ob ρ bei p ein lokales Minimum hat. Dabei darf man $\rho(p) > 0$ annehmen. Die Menge der Extrempunkte $E = \{x\in B;\ e(p,x) = \rho(p)\}$ ist kompakt, und mit den Bezeichnungen von Abschnitt 1 ist $E = E_+ \cup E_-$. Im folgenden wird angenommen, dass E als Vereinigung von disjunkten abgeschlossenen Teilmengen gegeben ist: $E = E_1 \cup E_2 \cup \ldots \cup E_r$, z.B. Zusammenhangskomponenten. Das System dieser Mengen tritt an die Stelle der H-Mengen. Für kleine t, etwa $0 \le t < T$ sind dann auch die Mengen

$$E_i(t) = \{x\in B;\ \mathrm{dist}(x,E_i)\le t\} \qquad (i=1,\ldots,r)$$

disjunkt und kompakt, insbesondere ist $E_i(0) = E_i$. Für $0 \le t < T$ sei

$$\sigma(t) = \sup\{e(p,x);\ x\in B\backslash[E_1(t)\cup\ldots\cup E_r(t)]\}.$$

Ferner sei $\sigma_1 = \inf\{\sigma(t);\ 0\le t<T\}$. Dieses $\sigma(t)$ hat die folgende Monotonieeigenschaft: Ist $0 < t < t' < T$, so ist $\rho(p) > \sigma(t) \ge \sigma(t') \ge \sigma_1$, und es ist $\rho(p) \ge \sigma(\hat{o})$. Da P offen ist, gibt es eine Kugel $\{p+\pi;\ |\pi|<\Delta\}$ um p mit positivem Radius Δ, die ganz in P liegt. Für $0 \le \delta < \Delta$ sei

$$\eta(\delta) = \max\{|e(p+\pi,x)-e(p,x)|;\ |\pi|\le\delta,\ x\in B\}.$$

η ist stetig und monoton nicht fallend, und $\eta(0) = 0$. Darum gibt es ein δ_1 mit $0 < \delta_1 < \Delta$ und $\eta(\delta_1) < [\rho(p)-\sigma_1]/2$. Zu jedem δ mit $0 < \delta < \delta_1$ gibt es dann ein $t = t(\delta) > 0$, womit $\eta(\delta) < [\rho(p)-\sigma(t(\delta))]/2$ ist, und man kann annehmen, dass $t(\delta) \to 0$ strebt für $\delta \to 0$. Sei $|\pi| \leq \delta < \delta_1$. Dann gilt

$$\max\{e(p+\pi,x);\ x\in E_i(t(\delta))\} \geq \max\{e(p+\pi,x);\ x\in E_i\}$$

$$\geq \rho(p) - \eta(\delta) > [\rho(p)+\sigma(t(\delta))]/2;$$

ist jedoch $x \in B\backslash[E_1(t(\delta))\cup\ldots\cup E_r(t(\delta))]$, so gilt

$$e(p+\pi,x) \leq \sigma(t(\delta)) + \eta(\delta) < [\rho(p)+\sigma(t(\delta))]/2.$$

In $E_i(t(\delta))$ hat $e(p+\pi,.)$ einen Maximalwert, der grösser ist als die Werte in $B\backslash[E_1(t(\delta))\cup\ldots\cup E_r(t(\delta))]$. Die Konstruktion ist so ausgeführt, dass dieser Maximalwert bei gegebenem π unabhänging ist von δ, falls $|\pi| \leq \delta < \delta_1$. Wir definieren daher für $|\pi| < \delta_1$ und $i = 1, \ldots, r$

$$\mu_i(\pi) = \max\{e(p+\pi,x);\ x\in E_i(t(|\pi|))\} - \rho(p)$$

und bemerken, dass mit $\mu_i(0) = 0$ die μ_i stetig sind bei $\pi = 0$ und dass $t(|\pi|) \to 0$ strebt für $|\pi| \to 0$. Hierdurch ist die Veränderung des Maximalwerts von e in einer Umgebung von E_i bei kleinen Veränderungen π beschrieben. Es gilt

$$\rho(p+\pi) = \rho(p) + \max_i \mu_i(\pi).$$

ρ hat bei p ein *striktes* (bezw. *schwaches*) *lokales Minimum*, wenn es ein $\delta' \in [0,\delta_1]$ gibt, womit $\max_i \mu_i(\pi) > 0$ (bezw. ≥ 0) ist für $0 < |\pi| < \delta'$.

In [9] und [11] ist der Fall untersucht worden, dass mit gewissen Vektoren a_i und Matrizen C_i

$$\mu_i(\pi) = a_i^T\pi + \pi^T C\pi + o(|\pi|^2) \qquad (*)$$

ist. Dieser Fall tritt ein, wenn die Mengen E_i einpunktig sind und mit geeigneten Differenzierbarkeitsannahmen über f und w die Position der lokalen Maxima von $e(p+\pi,.)$ differenzierbar von π abhängt. Hier sei nur die hinreichende Bedingung für ein striktes Minimum von ρ genannt:

Bedingung 1. Ordnung: Das lineare Ungleichungssystem $a_i^T\pi < 0$ $(i=1,\dots,r)$ ist nicht lösbar. Diese Bedingung ist äquivalent mit: $u_1a_1 + \dots + u_ra_r = 0$, $u_1 + \dots + u_r = 0$, $u_i \geq 0$ $(i=1,\dots,r)$ ist lösbar.

Bedingung 2. Ordnung: Auf dem linearen Teilraum $H = \{\pi;\ a_i^T\pi=0\ (i=1,\dots,r)\}$ ist die quadratische Form $q(\pi) = \pi^T(u_1C_1+\dots+u_rC_r)\pi$ positiv definit.

Die Bedingung 1. Ordnung kann so interpretiert werden, dass E für das bei p linearisierte Problem eine H-Menge ist. Einzelheiten findet man in den oben zitierten Arbeiten. Als Ergänzung sei bemerkt, dass man die gleichen hinreichenden Bedingungen erhält, wenn man statt (*) die weniger einschränkende Ungleichung

$$\mu_i(\pi) \geq a_i^T\pi + \pi^T C_i \pi$$

fordert. Das folgende Beispiel erläutert diese Erweiterung: Sei $B = [-1,1]$, $w(p,x) = px$, $f(x) = 1 - x^4$. Hier ist $w(0,x) = 0$ beste Approximation, nämlich $(\{0\},\emptyset)$ ist H-Menge. Man findet $\mu_1(\pi) = 3|\pi/4|^{4/3}$. Die Kriterien aus [9] und [11] sind nicht direkt anwendbar, sondern erst, wenn man bemerkt, dass $\mu_1(\pi) \geq 0.\pi + \pi^2$ gilt in einer Umgebung von $\pi = 0$.

Über die Anwendung der Minimalbedingungen kann zusammenfassend gesagt werden: W sei eine beliebige, durch $p \in P$ parametrisierte Klasse von Funktionen w, die zweimal stetig differenzierbar sind in $\mathring{P}\times B$. Für gegebenes f und hierzu bestimmtes $w(p,.)$ sind die Dualkoeffizienten u_i zu berechnen und (falls $\dim(H) \geq 1$) die quadratische Form $q(\pi)$ auf Definitheit zu prüfen. Dabei werden nur Funktionswerte, erste und zweite Ableitungen in den Extrempunkten benötigt. Die hinreichenden und die notwendigen Bedingungen erlauben ausser in pathologischen Ausnahmefällen die Entscheidung, ob ein lokales Minimum von ρ vorliegt.

Literatur

[1] M. Brannigan: H-sets in linear approximation. J. Approximation Theory 20 (1977), 153-161.

[2] L. Collatz: Approximation von Funktionen bei einer und bei mehreren unabhängigen Veränderlichen.

Z.Angew. Math. Mech. 36 (1956), 198-211.

[3] L. Collatz: Tschebyscheffsche Annäherung mit rationalen Funktionen. Abh. Math. Sem. Univ. Hamburg 24 (1960), 70-78.

[4] L. Collatz: Inclusion theorems for the minimal distance in rational Tschebyscheff approximation with several variables. In: Approximation of Functions, Proc. Sympos. General Motors Res. Lab., (1964), 43-56. Elsevier Publ. Co., Amsterdam, 1965.

[5] L. Collatz: Rationale trigonometrische Tschebyscheff-Approximation in zwei Variablen. Publ. Inst. Math. (Beograd) (N.S.) 6 (20) 1966, 57-63.

[6] L. Collatz: The determination of H-sets for the inclusion theorem in nonlinear Tschebyscheff approximation. Approximation Theory (Proc. Sympos., Lancaster, 1969), 179-189. Academic Press, London, 1970.

[7] L. Collatz, W. Krabs: Approximationstheorie. 208 p. B.G. Teubner, Stuttgart, 1973.

[8] C. Dierieck: Some remarks on H-sets in linear approximation theory. J. Approximation Theory 21 (1977), 188-204.

[9] R. Hettich: Kriterien zweiter Ordnung für lokal beste Approximationen. Numer. Math. 22 (1974), 409-417.

[10] G.D. Taylor: On minimal H-sets. J. Approximation Theory 5 (1972), 113-117.

[11] W. Wetterling: Definitheitsbedingungen für relative Extrema bei Optimierungs- und Approximationsaufgaben. Numer. Math. 15 (1970), 122-136.

Anschriften der Autoren

Bohl, E. Prof.Dr.

Fachbereich Mathematik
Universität Konstanz

7750 Konstanz

Buoni, J.J.

Department of Mathematics
Youngstown State University

Youngstown, OH 44555/USA

Eckhardt, U. Prof.Dr.

Institut für Angewandte Mathematik
Universität Hamburg
Bundesstr. 55

2000 Hamburg 13

Elsner, L. Prof.Dr.

Fakultät für Mathematik
Universität Bielefeld
Postfach 8640

4800 Bielefeld

Fichera, G. Prof.Dr.

via Mascagni, 7

I-00199 Rom/Italien

Heinrich, H. Prof.Dr.

Friedrich-Hegel-Str. 31
Postfach 4141

DDR-8027 Dresden

Krabs, W. Prof.Dr.

Fachbereich Mathematik
Technische Hochschule Darmstadt
Schloßgartenstr. 7

<u>61oo Darmstadt</u>

Lempio, F. Prof.Dr.

Lehrstuhl für Angewandte Mathematik
der Universität Bayreuth
Universitätsstr. 3o

<u>858o Bayreuth</u>

Meinardus, G. Prof.Dr.

Fachbereich 6-Mathematik IV
Gesamthochschule Siegen
Hölderlinstr. 3

<u>59oo Siegen 21</u>

Natterer, F. Prof.Dr.

Universität des Saarlandes

<u>66oo Saarbrücken</u>

Varga, R.S. Prof.Dr.

Department of Mathematics
Kent State University

<u>Kent, OH 44242/USA</u>

Voss, H. Dr.

Universität Essen-GHS
Fachbreich Mathematik
Universitätsstr. 3

<u>43oo Essen 1</u>

Werner, B. Prof.Dr.

Institut für Angewandte Mathematik
der Universität Hamburg
Bundesstr. 55

2ooo Hamburg 13

Werner, H. Prof.Dr.

Institut für Numerische und Instrumentelle Mathematik
der Westfälischen Wilhelms-Universität
Roxeler Str. 64

44oo Münster/Westfalen

Werner, J. Prof.Dr.

Lehrstühle für Numerische und Angewandte Mathematik
Universität Göttingen
Lotzestr. 16-18

34oo Göttingen

Wetterling, W. Prof.Dr.

Technische Hogeschool Twente
Onderafdeling der Toegepaste Wiskunde
Postbus 217

75oo-AE Enschede /Holland